经管文库 · 管理类

前沿 · 学术 · 经典

乡村振兴战略背景下建设项目地材价格确定机制研究

RESEARCH ON PRICE DETERMINATION MECHANISM OF LOCAL MATERIAL FOR CONSTRUCTION PROJECTS UNDER THE BACKGROUND OF RURAL REVITALIZATION STRATEGY

李海凌　李佩遥　李舒欣　刘睿玲 著

图书在版编目（CIP）数据

乡村振兴战略背景下建设项目地材价格确定机制研究 / 李海凌等著 . — 北京：经济管理出版社，2023.5

ISBN 978-7-5096-9021-5

Ⅰ. ①乡… Ⅱ. ①李… Ⅲ. ①建筑材料—地面材料—研究 Ⅳ. ① TU5

中国国家版本馆 CIP 数据核字（2023）第 087579 号

组稿编辑：杨国强
责任编辑：杨国强
责任印制：黄章平
责任校对：张晓燕

出版发行：经济管理出版社
（北京市海淀区北蜂窝 8 号中雅大厦 A 座 11 层　100038）
网　　址：www.E-mp.com.cn
电　　话：（010）51915602
印　　刷：唐山玺诚印务有限公司
经　　销：新华书店
开　　本：710 mm×1000 mm/16
印　　张：11.5
字　　数：201 千字
版　　次：2023 年 6 月第 1 版　2023 年 6 月第 1 次印刷
书　　号：ISBN 978-7-5096-9021-5
定　　价：98.00 元

前　言

川西地区作为我国实现乡村振兴伟大战略的重要组成部分，稳步推进产业、生态、文化发展建设，目前已取得不错的建设成果。但在川西地区乡村振兴“生态宜居”基础设施建设中，地方性材料供需矛盾成为其投资管控中的突出问题。在确定地方性材料资源分布的基础上，多渠道解决地方性材料供应及价格确定，已成为乡村振兴实施过程中一个亟待解决的问题。

地方性材料（以下简称地材）指建设项目所在地附近通过开采或购买可获取的材料，主要指砂、石、灰、土、石米等当地生产的建设材料。

本书以川西地区乡村振兴“生态宜居”建设项目为研究对象，以川藏联网工程为典型案例，现场调研川西交界地带，采集并分析地材资源的分布情况。在此基础上，分析地材价格产生差异的原因，构建不同地材采办方式及采办地点的选址模型，通过分析地材的不同采办方式，确定相应的地材价格的计算方法。

在川藏联网工程中，通过收集各标段的地理环境、施工条件、道路运输状况等信息，分析以石、砂、水泥为代表的地材价格的差异性来源。结合地材的采办方式（地方性采购、外购、自采）、可参考信息价形式、运输方式、采办环境等多方面因素，进行地材价格确定机制的分类研究，给出具体的采办方式并确定标准及对应的单价计算方法，构建了区别于传统项目建设实施环境下的特殊地区均可遵循的地材价格确定机制。

地材采购路径及价格的确认，有助于将建设投资控制在合理范围内，能够提升乡村振兴建设的社会效益和经济效益，为政府的投资控制提供造价依据。对乡村振兴“生态宜居”建设项目实施主体而言，能够提升地材的采办管理能力，提升经济效益。

本书由西华大学建筑与土木工程学院李海凌教授主持撰写并审稿，西华大学硕士研究生李佩遥、李舒欣、刘睿玲参加撰写。

本书的编写得到四川省哲学社会科学重点研究基地青藏高原经济社会与文化发展研究中心重点项目“乡村振兴战略背景下的西藏地材资源分布及价格确定机制研究”（编号：2022QZGYZD002）、日本应急管理研究中心省部级学科平台西华大学开放课题“基于知识管理的自然灾害应急管理信息共享平台研究”（编号：RBYJ2021-002）的资助。

在编写过程中引用了一些相关资料和案例，在此对编著者和相关人员深表感谢。

目　录

第一章　概述

乡村振兴是我国在新时代提出的一项重大国家战略。实施乡村振兴战略，是开启全面建设社会主义现代化国家新征程的必然选择。2022 年 2 月，《中共中央 国务院关于做好 2022 年全面推进乡村振兴重点工作的意见》发布，更为新一年乡村振兴确立了新的发展方向。

本书是在响应国家乡村振兴大背景下，重点研究川西地区乡村振兴“生态宜居”项目建设过程中地方性材料的资源匮乏引起的价格确定问题。

第一节　研究背景

新中国成立以来，中国共产党带领人民持续向贫困宣战。2015 年 11 月 23 日，中共中央政治局审议通过《关于打赢脱贫攻坚战的决定》(以下简称《决定》),《决定》的发布对“十三五”脱贫攻坚作出全面部署，明确了指导思想、目标任务、基本途径、政策举措和保障措施。《决定》总体目标：“到 2020 年，稳定实现农村贫困人口不愁吃、不愁穿，义务教育、基本医疗和住房安全有保障。实现贫困地区农民人均可支配收入增长幅度高于全国平均水平，基本公共服务主要领域指标接近全国平均水平。确保我国现行标准下农村贫困人口实现脱贫，贫困县全部摘帽，解决区域性整体贫困。”

川西地区始终把脱贫攻坚作为全面建成小康社会的底线任务和实施乡村振兴战略的优先任务。2020 年 11 月 16 日，四川省人民政府发布《关于批准普格县等 7 个县退出贫困县的通知》，至此，四川省 88 个贫困县全部脱贫摘帽，625 万建档立卡贫困人口全部脱贫，区域性整体贫困得到解决，绝对贫困全面消除。

2019 年 12 月 23 日，西藏自治区脱贫攻坚指挥部发布《西藏自治区脱贫攻坚指挥部关于 19 个县（区）退出贫困县（区）的公告》:“2019 年 12 月 9 日，经自治区人民政府研究，批准日喀则市谢通门县等 19 个县（区）退出贫困县（区）”。此前，西藏自治区其他 55 个县（区）已经宣布退出贫困县

（区），这意味着，西藏 74 个贫困县（区）全部顺利脱贫摘帽，62.8 万建档立卡贫困人口全部脱贫，历史性地消除了绝对贫困问题。

四川省及西藏自治区历年减贫历程如图 1–1 所示。2020 年底，我国在脱贫攻坚战上取得全面胜利，乡村振兴也迎来新的发展阶段。

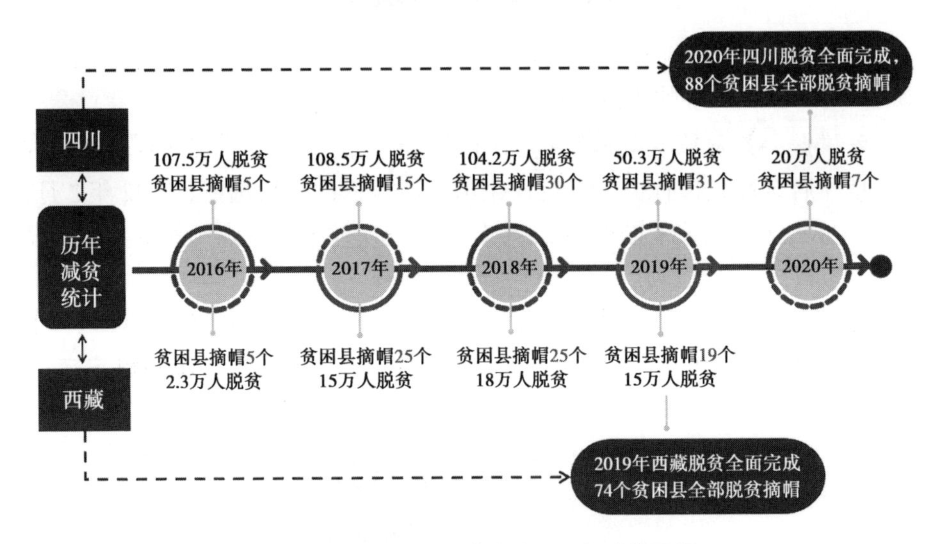

图 1–1　四川省及西藏自治区历年减贫历程

注：图中数据为 2015 年发布《关于打赢脱贫攻坚战的决定》以来统计的脱贫人数。

一、巩固脱贫攻坚成果，接续乡村振兴战略

2021 年 3 月 22 日，《中共中央 国务院关于实现巩固拓展脱贫攻坚成果同乡村振兴有效衔接的意见》（以下简称《意见》）公开发布。《意见》强调：“脱贫摘帽不是终点，而是新生活、新奋斗的起点。打赢脱贫攻坚战、全面建成小康社会后，要在巩固拓展脱贫攻坚成果的基础上，做好乡村振兴这篇大文章，接续推进脱贫地区发展和群众生活改善。做好巩固拓展脱贫攻坚成果同乡村振兴有效衔接，关系到构建以国内大循环为主体、国内国际双循环相互促进的新发展格局，关系到全面建设社会主义现代化国家全局和实现第二个百年奋斗目标。”据此，乡村振兴迎来新的发展阶段。

乡村振兴战略是我国在新时代提出的一项重大国家战略。实施乡村振兴战略，是开启全面建设社会主义现代化国家新征程的必然选择。党的十九大报告首次提出实施乡村振兴战略，报告强调：“农业农村农民问题是关系国计民生的根本性问题，必须始终把解决好‘三农’问题作为全党工作重中之重”。乡村振兴战略是全面建设社会主义现代化国家的重大历史任务，是新

时代“三农”工作的总抓手。实施乡村振兴战略，是实现“两个一百年”奋斗目标的必然要求，是以习近平同志为核心的党中央在深刻把握我国现实国情农情、深刻认识我国城乡关系变化特征和现代化建设规律的基础上，着眼于党和国家事业全局，着眼于实现“两个一百年”的伟大目标和补齐农业农村短板的问题导向。

近年来，各地按照“产业兴旺、生态宜居、乡风文明、治理有效、生活富裕”总要求，加快推进农业农村现代化，完善农村基础设施，建设美丽乡村。推进乡村振兴，必须加快推动农村水、电、路、气等基础设施提档升级，真正解决城乡发展不平衡、乡村发展不充分的问题，做好乡村发展、乡村建设、乡村治理重点工作。

2021 年，四川出台《关于支持乡村振兴重点帮扶县巩固拓展脱贫攻坚成果　接续推进乡村全面振兴的实施意见》（以下简称《实施意见》），《实施意见》中对区域相对集中，脱贫时间晚、脱贫基础不稳固，返贫致贫风险较高，基础设施、公共服务落后的 7 个市（州）进行重点帮扶，以保障乡村振兴工作全面推进，其中包括四川藏区（甘孜藏族自治州、阿坝藏族羌族自治州、凉山州木里藏族自治县）。同时，西藏作为我国西部边陲重要地区，是全面推进乡村振兴伟大实践过程中的有机组成部分。为贯彻落实党的十九大精神，西藏自治区党委先后召开专题会议，研究讨论乡村振兴战略规划问题，编制《西藏自治区乡村振兴战略规划（2018—2022 年）》等指导性文件，提出“神圣国土守护者、幸福家园建设者”为主题的乡村振兴战略，旨在解决藏区乡村规模小且分散、基础设施与公共服务设施基础薄弱等问题。对于川西地区而言，稳步推进乡村振兴工作，是开启农村现代化进程，缩短城乡差距的重要机遇。

二、加大基础设施建设，助力乡村振兴之路

农村公共基础设施和公共服务建设质量，直接影响着全面建成小康社会成色。习近平总书记指出，城乡差距大最直观的是基础设施和公共服务差距大，要把公共基础设施建设的重点放在农村，加快推动公共服务下乡。近年来，党中央和国务院先后出台了一系列政策措施，把农村公共基础设施和公共服务作为乡村振兴战略的重要内容，作为聚焦补短板、增后劲的重要举措，为持续提高农民生活质量、促进城乡均衡发展奠定了坚实基础。

2019 年 12 月，西藏日喀则市昂仁县多白乡德夏村织起了一张坚强可靠的“民生网”，这是由国网西藏电力有限公司响应“乡村振兴 精准供电”提出的国网昂仁多白乡光伏电站建设项目，电站总装机容量 0.1 兆瓦，年均发

电量16.8万千瓦时。该基础设施项目解决了当地居民就业问题，实现了产业性脱贫，为建设社会主义现代化新西藏，推进农村清洁用能提供了源源不断的动力保障。2022年6月30日，一座“生命桥”“振兴桥”“逐梦桥”——“金阳河特大桥”在四川凉山州金阳县建成并正式通车，该桥桥墩高达196米，是“世界第一高墩大桥”，该桥建成通车，完善了凉山州东南地区和金阳县公路交通网络，解决了新老两城出行难题，车程由原来的一个小时缩短到几分钟，同时告别了过去“出行靠走，过河靠溜”的交通状况。在推进川西地区现代化建设过程中，“民生网”“交通网”的出现，显现出“联通”这一网架结构是脱贫攻坚乃至乡村振兴工作不可或缺的关键环节。在脱贫攻坚时期，川藏联网工程的投运，结束了西藏自治区昌都地区长期孤网运行的历史，从根本上解决了昌都和甘孜南部地区严重缺电和无电问题，如图1-2所示。

图1-2　川藏联网工程投运局部

虽然川藏联网工程不是乡村振兴的基础设施建设，但却是乡村振兴建设中“联通”的基础保障，同时是信息技术与乡村生产生活深度融合的前提。目前，我国农村基础设施与公共服务实现了长足发展，但与全面建成小康社会及广大农民群众的期待相比，农村基础设施和公共服务发展仍然存在差距。因此，推进乡村振兴工作，基础性与服务性设施建设还需加快补上。

三、地材资源匮乏与供需矛盾

“川藏铁路”“川藏联网”“四好农村路”“易地扶贫搬迁”等工程补齐了乡村公共服务和基础设施短板，为乡村振兴打好了基础。随着川西地区产业、生态、文化的发展需要，以及实现“农业强、农村美、农民富”的乡村振兴目标，大批工程项目正在快速建设中。

在持续的脱贫攻坚和乡村振兴战略实施过程中，在大量基础设施建设过程中，地方性材料（以下简称“地材”）资源匮乏与供需矛盾日益凸显，使得建设项目的运行成本大大增加。

地材指建设项目所在地附近通过开采或购买可获取的材料，主要指砂、石、灰、土、石米等当地生产的建设材料。

表 1–1 所示为川藏联网工程部分施工包地材价格。小运起运点是材料采购的终点，即材料到达施工包材料堆放地点就完成了采购，因此材料价格也就算到这个点，采购过程中的费用算至小运起运点包干。小运起运点距离施工用料地点实际还有一段距离，这个距离的直线长度不长，但由于川藏联网工程施工环境的原因（大多在山地），这一小段的搬运（实际就是二次搬运）的费用不容忽视，需要另行计算。本书主要研究的是地材价格，因此，小运起运点后的费用不在本书研究范围内。

表 1–1　川藏联网工程部分施工包地材价格

包名称	施工单位	中砂（立方米）	碎石 20~50 毫米（立方米）	425R 水泥（吨）
		各标段到小运起运点均价（元）	各标段到小运起运点均价（元）	各标段到小运起运点均价（元）
巴塘变电站（220 千伏变电站部分）	四川电力送变电建设公司	243.50	308.50	袋装：1146.4 罐装：845
昌都变电站（220 千伏变电站部分）	黑龙江省送变电工程公司	130.00	125.00	1230.00
乡城—巴塘送电线路（果多西—王大龙）	吉林省送变电工程公司	390.00	430.00	920.00
巴塘—昌都送电线路（前进—额日瓦）	国网西藏电力建设有限公司	515.00	515.00	1860.00
邦达—昌都送电线路	青海送变电工程公司	235.00	219.00	1125.00

通过对川藏联网工程施工标段地材信息的对比，发现各施工包砂、石、水泥的价格（各标段到小运起运点均价）存在非常大的差异。

川藏联网工程建设中，地材价格的问题就已凸显。由于各施工标段点多线长，砂石使用集中且量大，造成砂石资源分布与工程需要不匹配非常突出。地材在工程建设中使用量大，一般情况是就地取材且不宜长距离运输。但在川藏联网工程中，众多施工包的集中采买造成了“就地采买就近运输”不能实现。地材在短期内是不可再生资源，地材资源的匮乏迫使川藏联网工程各施工包远距离购买，甚至自行开采。地材的供需不匹配及匮乏，最终表现为地材价格的差异。

实际上，“川藏铁路”“川藏联网”都存在建设过程中多家施工企业集中在同一个时间段使用同一种资源，地材供应量明显不足的状况。随着“川藏铁路”“川藏联网”工程的圆满完成，川西多数地区已出现天然砂石资源逐步减少，甚至无资源的状况。

乡村振兴战略的实施势必需要继续规划完成大量的乡村基础设施，同时，打造美丽乡村、绿色乡村。在乡村振兴建设项目高速推进的过程中，人们越来越注重人与自然和谐共处的绿色发展理念，向往“生态宜居”的乡村生活。随着川西地区乡村振兴“生态宜居”基础设施建设的日益发展和对环境保护力度的逐步加强，川西地区地材价格确定已成为乡村振兴实施过程中一个亟待解决的问题。“生态宜居”中的基础设施项目的实施是为了促进当地的经济发展，最终目的是改善和提高人民生活水平。落实到工程建设领域，需要兼顾工程建设各个参与方的利益诉求。也就是说，各方的合法经济利益应该都得到保障。这就要求项目的实施应编制和测算出科学合理的、与实际工程成本相契合的工程计价依据。材料的价格是工程造价准确性、完整性的重要影响因素。地材价格的调查研究与经济分析工作是在合理确定地材价格的基础上，为川西地区“乡村宜居”项目的实施建立更为科学的工程造价标准，有效控制乡村振兴项目的工程投资，合理评价工程技术经济指标水平，降低“乡村宜居”项目建设和运行成本，为川西地区乡村振兴“生态宜居”项目可行性研究、工程初步设计、集中规模招标和工程竣工决算等各建设阶段的开展提供科学的依据，创造有利条件和公平的施工环境，提高“生态宜居”项目的建设效率。

第二节　拟解决的问题

川西地区虽自然资源丰富，但地质构造独特、生态脆弱，其海拔高、空气稀薄、气候寒冷干旱的生态环境，使得生态系统中物质循环和能量转换过程非常缓慢，生态系统一旦遭到破坏就很难恢复。地材在短期内是不可再生资源，其资源的利用与可持续发展是深入实施乡村振兴战略需要解决的实践问题。

一、川西地区地材价格差异及影响因素分析

材料费一直是影响工程造价的重要因素，而材料价格是材料费的确定依据之一。在乡村振兴建设过程中，地材的价格确定对乡村振兴“生态宜居”建设项目投资的影响不容忽视。本书将在川藏联网工程地材价格差异性分析的基础上，分析川西地区影响地材价格的因素，为后续地材价格确定机制做好理论准备。

二、川西地区地材采买路径及价格确定机制

地材采买路径一般分为就近购买、自采、远距离购买三种不同方式，不同的采买途径及运输方式，会影响其价格的确定。原本应该就近购买的地材，由于川西地区特殊的地理地质条件以及“川藏铁路”“川藏联网”等特大型基础设施项目的实施，资源出现不均衡乃至短缺的情况，不得不选择自采或远距离购买。

本书将在研究分析影响地材价格的因素及采买路径的基础上，解决项目建设在概预算阶段和结算阶段地材价格的确定问题。在川西特殊施工条件下，给出具体的地材价格确定标准及对应的单价确定方法，为乡村振兴“生态宜居”建设项目的概预算及结算实践提供方法支持。

第三节　研究目的及意义

一、研究目的

面对可持续协调发展与加快完善基础设施的双重考验，本书以川西地区乡村振兴“生态宜居”建设项目为研究对象，通过分析不同采买方式，确定对应的地材价格计算方法，为乡村振兴“生态宜居”建设项目的概预算及结算实践提供方法支持，保障政府、施工单位在乡村振兴建设过程中的诉求均能得到满足，也为乡村振兴“生态宜居”建设项目的顺利实施提供保障，为合理确定乡村振兴国家投资提供理论和技术支持，为相关政策的制定提出建议。

二、研究意义

川西地区乡村振兴“生态宜居”主要通过提升乡村基础设施和公共服务质量，统筹推进水电路讯网、科教文卫保一体建设。本书的研究有助于合理

确定乡村振兴建设投资总额，为川西地区乡村振兴项目可行性研究、工程初步设计、发承包和工程竣工决算的开展提供更为科学的依据，对形成公平的实施环境和统一的价格动态管理体系具有一定的现实意义。同时，合理的地材价格确定机制也有利于合理评价川西地区乡村振兴“生态宜居”建设项目工程技术经济指标水平。

第四节　研究原则及内容

川西地区乡村振兴“生态宜居”美好愿景的达成，需要合理统筹城乡国土空间开发格局，筑牢高原生态安全屏障，避免将乡村振兴战略以单目标、单维度进行分析，而应注意其目标多样、维度多元的复杂特性。故“乡村振兴战略背景下建设项目地材价格确定机制研究”的研究原则及内容将围绕系统、标准、绿色展开。

一、研究原则

（1）案例典型，结合实际。选取川藏联网工程为典型案例，对其实施过程中的地材实际采购价、运输价、运杂费调查数据进行汇总及分析。虽然川藏联网工程不是乡村振兴工程，但其施工条件、建设规模与正在开展的乡村振兴“生态宜居”系列工程非常匹配，其数据分析具备适应性。

（2）科学规划，生态宜居。采买途径的规划与地材价格的确认，以科学规划供应及乡村自然资本稳定发展为前提。在不破坏山水林田湖草系统治理的同时保障地材供需平衡。

（3）标准统一，造价合理。统一川西地区乡村振兴“生态宜居”建设项目地材价格的确定标准，创造公平的实施环境，提高乡村振兴“生态宜居”实施项目的建设效率。

二、研究内容

本书以川西地区乡村振兴“生态宜居”建设项目地材价格为研究对象，研究内容主要包括以下几方面：

（1）本书的背景、拟解决的问题、研究目的及意义、研究原则、研究对象及理论基础的系统阐述。

（2）材料价格构成分析。对材料价格包含的内容及计算公式进行梳理，为特殊地区地材价格的确定机制提供理论依据。

（3）典型案例的引入及分析。将川藏联网工程作为典型案例。通过现场调研川藏联网工程川西交界地带，在地材资源分布情况数据采集及分析的基础上，分析地材价格产生差异的原因，为特殊地区地材价格确定机制提供理论分析及数据支持。

（4）川西地区地材价格确定机制分析。在对川藏联网工程中石、砂、水泥三种地材的价格构成及影响分别进行分析后，将场景切换至川西乡村振兴"生态宜居"项目，在施工环境和资源条件非常相似的情况下，探讨地材采购路径的选择及相应的地材价格确定机制，最后给出价格确定政策建议及价格确定机制的应用示例。

（5）结论及建议。

第二章　研究对象及理论基础

乡村振兴，生态宜居是关键。近年来，国内大部分农村发展乡村振兴都以“生态宜居”建设为着力点，新时代下乡村振兴“生态宜居”也焕发出新内涵、新活力。因此，对乡村振兴“生态宜居”概念的清晰界定及相关理论的梳理有助于“生态宜居”建设项目的精准定位，也助于理解本课题的对象，明晰地材价格对“生态宜居”建设项目的影响。

第一节　川西地区

历史上的“川西”多指川西坝子（今成都平原），即成都、乐山、德阳、眉山、雅安一带，不包括川西高原。

现在，“川西”指四川省西部（四川省西部与四川盆地西部的简称重名），指四川行政区划西部的阿坝州、甘孜州等川西高原地区。本书的“川西”即指此范围界定。

“川西”（川西高原地区）为青藏高原东缘和横断山脉的一部分，地面海拔4000~4500米，分为川西北高原和川西山地两部分。川西北高原地势由西向东倾斜，分为丘状高原和高平原。丘谷相间，谷宽丘圆，排列稀疏，广布沼泽。分布在若尔盖、红原与阿坝一带的高原沼泽是中国南方地区最大的沼泽带。川西山地西北高、东南低。根据切割深浅可分为高山原和高山峡谷区。主要山脉在岷山、巴颜喀拉山、牟尼芒起山、大雪山、雀儿山、沙鲁里山。大雪山主峰贡嘎山海拔7556米，它不仅是四川第一高峰，也是世界著名高峰。

阿坝州、甘孜州、凉山州西部都属于川西高原，它们的气候特点如下：

阿坝州气温自东南向西北并随海拔由低到高而相应降低。西北部的丘状高原冬季严寒漫长，夏季凉寒湿润，年平均气温0.8~4.3℃。山原地带夏季温凉，冬春寒冷，干湿季明显，年平均气温5.6~8.9℃。高山峡谷地带，随着海拔高度变化，气候从亚热带到温带、寒温带、寒带，呈明显的垂直性差异。

甘孜州气候属高原型季风气候，复杂多样，地域差异显著。南北跨六个纬度，随着纬度的自南向北增加，气温逐渐降低，在六个纬距范围内，年均气温相差达 17℃以上。在高山峡谷地区，山脚和山顶高差悬殊，气候也随着高度变化，相差 20~30℃。各县城所在地年均气温 15.4~1.6℃。从海拔 1321 米的泸定县城到海拔 4200 米的石渠县城，海拔高度差 2879 米。纬距相隔约 3 度，年均气温差达 17℃。年均气温多数地区在 8℃以下，最高气温（丘状高原地区和中部高山原地区）在 30℃以下，最低气温（大部分地区）在 −14℃以下，其中北部大部分地区及南部理塘、稻城等高海拔地区低于 −20℃，石渠低达 −37.7℃，常年降水量在 325~920 毫米。常年日照时数 1900~2600 小时，年总辐射量一般 120~160 千卡 / 平方厘米。历年平均霜日为 18~228 天。无绝对无霜期。

凉山州属亚热带季风气候。大部分地区四季不分明，但干湿季明显，冬暖夏凉，干季日照长，年平均气温 14~17℃，日照时数 2000~2400 小时，年日照辐射总量达 120~150 千卡 / 平方厘米；年降雨量 1000~1100 毫米；无霜期 230~306 天。

本书第三章会通过引入川藏联网工程作为典型案例进行地材价格问题阐述。虽然川藏联网工程不是乡村振兴的基础设施建设，但它是乡村振兴建设中“联通”的基础保障，同时是信息技术与乡村生产生活深度融合的前提。此外，川藏联网工程的建设地点、建设环境，遇到的投资控制方面的难题，均与川西地区乡村振兴“生态宜居”建设项目具有非常多的相似性。因此，将川藏联网工程选为典型案例，并且选择川藏联网工程川藏交接地带施工段进行研究。

川藏联网工程川藏边界地带是指地理位置相邻，行政区域划分各有分属，但施工环境却极其相似的地区。如昌都县、八宿县、江达县、巴塘县、乡城县、玉龙县、雅江县、九龙县、道孚县、理塘县和得荣县等施工地区，均为人烟稀少，高寒、高海拔、空气稀薄、少植被、高风速、崇山峻岭、交通困难、施工条件恶劣、生活条件艰苦的地方。昌都县、八宿县、江达县地处西藏自治区范围内，玉龙县属于云南管辖范围，巴塘县、乡城县、雅江县、九龙县、道孚县、理塘县和得荣县均在四川境内。

第二节　生态宜居

一、乡村振兴的总体要求

实施乡村振兴战略，是开启全面建设社会主义现代化国家新征程的必然选择。党的十九大报告强调："农业农村农民问题是关系国计民生的根本性问题，必须始终把解决好'三农'问题作为全党工作重中之重。"这是党的十九大报告对"三农"地位的总判断，既有"重中之重"地位的再强调，又有"关系国计民生的根本性问题"的新定调。这表明，"三农"作为国之根本，"三农"工作重中之重的地位依然没有变，特别是在新时期解决人民日益增长的美好生活需要和不平衡不充分的发展之间的矛盾，实现决胜全面小康的大头、重点和难度都在"三农"，"三农"工作重中之重的地位不仅不能削弱，而且更要加强。实施乡村振兴战略是我国全面建成小康社会的关键环节，是实现中华民族伟大复兴中国梦的客观要求，也是中国共产党落实为人民服务这一根本宗旨的重要体现。

实施乡村振兴战略，是实现"两个一百年"奋斗目标的必然要求。党的十九大报告清晰擘画全面建成社会主义现代化强国的时间表、路线图。实施乡村振兴战略，正是以习近平同志为核心的党中央在深刻把握我国现实国情农情、深刻认识我国城乡关系变化特征和现代化建设规律的基础上，着眼于党和国家事业全局，着眼于实现"两个一百年"的伟大目标和补齐农业农村短板的问题导向，对"三农"工作作出的重大战略部署、提出的新的目标要求，必将在我国农业农村发展乃至现代化进程中写下划时代的一笔。

党的十九大报告中强调要"实施乡村振兴战略"，并提出要按照产业兴旺、生态宜居、乡风文明、治理有效、生活富裕的总体要求，建立健全城乡融合发展体制机制和政策体系，加快推进农业农村现代化。这是对乡村振兴的集中论述，包括经济、政治、文化、社会和生态的振兴，是"五位一体"总体布局在农业农村的具体体现。

习近平总书记强调："实施乡村振兴战略是一篇大文章，要统筹谋划，科学推进。"他从推动乡村产业振兴、人才振兴、文化振兴、生态振兴、组织振兴等方面，对如何实施乡村振兴战略做了更进一步的论述和分析，为贯彻落实这一重大战略提供了行动指南和基本遵循。

"产业兴旺、生态宜居、乡风文明、治理有效、生活富裕"五大总体要求分别对应"产业、生态、文化、组织和人才"等多方面的振兴，五大总体要求紧密衔接、互为一体，是缺一不可的整体布局。2018 年 1 月，《中共中央 国务院关于实施乡村振兴战略的意见》发布，进一步阐述了五大总体要求新内涵，该文件指出："乡村振兴，产业兴旺是重点、生态宜居是关键、乡风文明是保障、治理有效是基础、生活富裕是根本。"在而后的农业农村现代化的建设过程中，五大总体要求更是紧密联系，成为不可分割的有机链条。在有机链条中，产业兴旺是基础、生态宜居是条件、乡风文明是灵魂、治理有效是保障、生活富裕是目标。

乡村是由社会、经济和自然特征相结合构成的一种地域综合体，具备生活、生产、生态和地域文化等多项功能。在近几年的乡村振兴发展中，农业农村现代化的有机发展依托于生态宜居的可持续发展理念。其中，生态宜居促进产业兴旺，以生态资源结合的方式带动乡村社会经济发展，以生态文化发展提供资源；生态宜居在很大程度上是乡风文明的载体，体现出乡民们主人翁的精神风貌；生态宜居与治理有效相辅相成，为治理过程中出现的人文生态环境恶化、人居环境没有全面改善、乡村空心村等矛盾提供“治理”策略；生态宜居是生活富裕的自然基础，通过多种乡村旅游发展模式，将乡村生态资源与乡民生活富裕有效衔接。

总体来说，“十四五”时期是我国“两个一百年”奋斗目标的历史交汇期，也是全面开启社会主义现代化强国建设新征程的重要机遇期，更是我国跨越“中等收入陷阱”的关键阶段。川西地区必须顺应国内外环境的变化，抢抓机遇，拓展增长空间，全面融入西部经济强区建设，实现高质量发展，高质量完成目标任务、持续巩固脱贫攻坚成果、积极推进“三农”工作、全力以赴推进乡村振兴战略，按照产业兴旺、生态宜居、乡风文明、治理有效、生活富裕的总目标要求，深入推进产业振兴、人才振兴、生态振兴、文化振兴、组织振兴，注重物质文明和精神文明结合，打造新时代乡村振兴川西样本，走出一条具有川西特点、川西特色、川西风格的乡村振兴道路，为建设美丽幸福川西、共圆伟大复兴梦想而努力奋斗。

二、乡村振兴“生态宜居”概念

《中共中央 国务院关于实施乡村振兴战略的意见》指出：“乡村振兴，生态宜居是关键。良好生态环境是农村最大优势和宝贵财富。必须尊重自然、顺应自然、保护自然，推动乡村自然资本加快增值，实现百姓富、生态美的统一。”

生态宜居包含“生态”与“宜居”两个并列概念（见图2-1）。其中，“生态”指自然资源保护和农业环境突出问题综合治理、绿色发展。“宜居”指完善水、电、路、气等基础设施建设，健全农村公共资源服务，提供现代化的农业生产条件和就业新平台，宜居不仅对物质方面有着高要求，在精神层面也有着高标准要求。

乡村振兴“生态宜居”内涵十分丰富，不仅满足农村居民美好居住环境的愿望，同时也让自然生态环境同人类发展需求和谐共存，其中“生态”是“宜居”的基础条件，“宜居”是“生态”的状态延伸。生态宜居，是乡村居民幸福指数的一个重要考量指标，也是一个地区经济社会发展的追求与梦想。

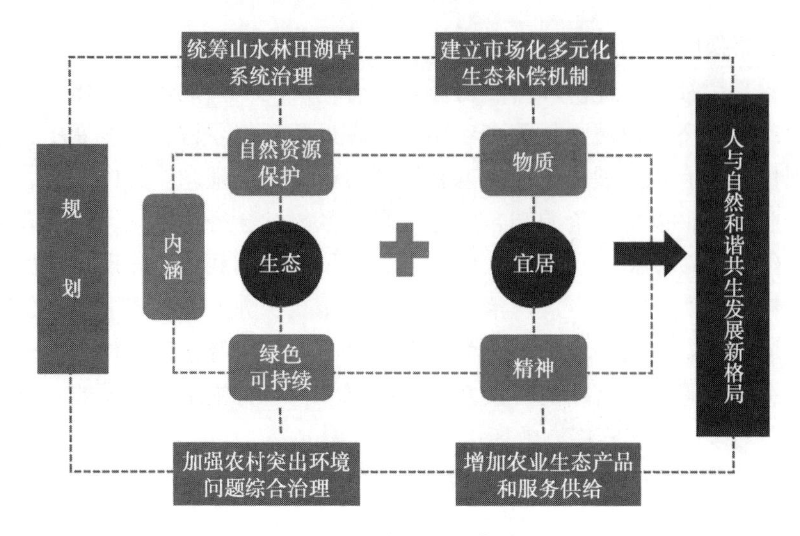

图 2–1　生态宜居概念界定

三、乡村振兴“生态宜居”发展历程

“生态宜居”是在乡村振兴战略背景下提出的概念，是实施乡村振兴战略的重要组成部分。随着建设新农村思想的提出，我国不断探索乡村发展，力求走出一条富有中国特色社会主义的可持续发展道路。不同时期，我国对于“宜居性”乡村建设目标是不同的，如表 2–1 所示。

表 2–1　中国各阶段“宜居性”建设目标

阶段	建设目标	政策文件		文件内容
第一阶段	建设村容整洁新农村	2005 年 10 月	《中国共产党第十六届中央委员会第五次全体会议公报》	按照“生产发展、生活宽裕、乡风文明、村容整洁、管理民主”的要求建设社会主义新农村
第二阶段	建设美丽宜居村庄	2014 年 5 月	《关于改善农村人居环境的指导意见》	快速建成干净、整洁、便捷并具有特色的美丽宜居村庄
第三阶段	建设生态宜居绿色乡村	2017 年 10 月	《决胜全面建成小康社会 夺取新时代中国特色社会主义伟大胜利》	按照“产业兴旺、生态宜居、乡风文明、治理有效、生活富裕”的总要求，建立健全城乡融合发展体制机制和政策体系，加快推进农业农村现代化

续表

阶段	建设目标	政策文件		文件内容
第三阶段	建设生态宜居绿色乡村	2018年1月	《中共中央 国务院关于实施乡村振兴战略的意见》	乡村振兴，生态宜居是关键。良好生态环境是农村最大优势和宝贵财富。必须尊重自然、顺应自然、保护自然，推动乡村自然资本加快增值，实现百姓富、生态美的统一

（一）第一阶段，建设村容整洁新农村

2005年10月，《中国共产党第十六届中央委员会第五次全体会议公报》提出：要按照“生产发展、生活宽裕、乡风文明、村容整洁、管理民主”的要求建设社会主义新农村。该阶段的“宜居性”主要针对“村容整洁”，旨在使农村呈现出民居美化、街院净化、道路硬化、村庄绿化的新面貌。

（二）第二阶段，建设美丽宜居村庄

2014年5月，国务院办公厅发布《关于改善农村人居环境的指导意见》，该指导意见指出农村人居环境虽逐步得到改善，但总体水平仍然较低，应快速建成干净、整洁、便捷并具有特色的美丽宜居村庄。该阶段开始在社会各领域开展“美丽宜居村”建设，明确了新时期农村建设方向。

（三）第三阶段，建设生态宜居绿色乡村

2017年10月，党的十九大报告首次提出乡村振兴战略，按照“产业兴旺、生态宜居、乡风文明、治理有效、生活富裕”的总要求，建立健全城乡融合发展体制机制和政策体系，加快推进农业农村现代化。2018年1月，《中共中央 国务院关于实施乡村振兴战略的意见》发布，进一步阐述“生态宜居”新内涵及治理办法，加快推进乡村绿色发展，打造人与自然和谐共生发展新格局。

乡村振兴“生态宜居”是我国在探索中国特色社会主义的可持续发展道路上的新理念，它秉持以往乡村发展的建设理念，不断适配、完善、健全，成为推动乡村生态振兴的内动力，建设一个生活环境整洁优美、生态系统稳定健康、人与自然和谐共生的生态宜居美丽乡村。

四、川西地区乡村振兴“生态宜居”建设成效

川西地区根据国家政策及地区发展基调，大力开展“生态宜居”建设项目，不断规划、完善基础设施建设，努力提升乡村居民幸福感、宜人感、归

属感。2022 年 5 月，四川省政府发布《四川省“十四五”农业农村生态环境保护规划》(以下简称《规划》),《规划》明确，到 2035 年，四川的农业面源污染得到有效遏制，农村生态环境基础设施得到进一步完善，绿色生产生活方式广泛形成，农业农村生态环境根本好转，生态宜居的美丽乡村基本实现。

西藏自治区农业农村厅研究制定了《西藏自治区农牧区人居环境整治提升五年行动方案（2021—2025 年）》，将以资源化利用、可持续治理为导向，科学合理布局乡村。根据西藏乡村振兴局数据发布，2022 年西藏投入 16.47 亿元，用于完善垃圾收集、污水处理、厕所改造、村容村貌整治等基础设施项目。2022 年实施 200 个美丽宜居村项目建设。一大批乡村振兴“生态宜居”项目正逐步推进。

（一）四川乡村振兴“生态宜居”建设项目

四川雅安市石棉县顺河村，曾是连通雅安、乐山的茶马古道驿站。近年来，顺河村完成了从古道驿站到美丽乡村的蜕变，逐渐成为“生态宜居”的示范村寨。顺河村先进行了彝家新寨住房风貌统一建设，再是承担了易地扶贫搬迁集中安置点建设，最后挑起了村级集体经济先行示范建设。三轮示范建设下来，顺河村住房、交通、水电等基础设施建设发生了翻天覆地的变化，逐步实现基础设施建设进一步提档升级，使生态宜居更靠谱。顺河村新风貌如图 2–2 所示。

图 2–2　顺河村新风貌

（二）西藏乡村振兴“生态宜居”建设项目

位于西藏林芝市工布江达县巴松措景区的错高村，是一座有着上千年历史的古村落。为了保护传统建筑以及推进乡村振兴“生态宜居”建设，错高村实施了整村搬迁，在距离老村几百米的地方建起了错高新村。错高新村 57

栋藏式新民居错落有致，道路宽敞，村级活动场所、休闲广场、绿化亮化等设施应有尽有（见图 2-3）。村容整洁、环境宜人成为这个千年古村落的新名片，同时掀起了当地生态宜居旅游热。

图 2-3　错高新村风貌

五、“生态宜居”的建设内容

《中共中央 国务院关于实施乡村振兴战略的意见》提出：“到 2035 年，乡村振兴取得决定性进展，农业农村现代化基本实现。农业结构得到根本性改善，农民就业质量显著提高，相对贫困进一步缓解，共同富裕迈出坚实步伐；城乡基本公共服务均等化基本实现，城乡融合发展体制机制更加完善；乡风文明达到新高度，乡村治理体系更加完善；农村生态环境根本好转，美丽宜居乡村基本实现。到 2050 年，乡村全面振兴，农业强、农村美、农民富全面实现。”

根据乡村振兴目标、任务，“生态宜居”基础设施建设是缩小城乡差距的关键因素，是广大农村居民生态福祉的保障。本书根据国家发展改革委历年发布的《农村基础设施发展报告》、中共中央、国务院印发的《乡村振兴战略规划（2018—2022 年）》文件以及结合乡村振兴“生态宜居”特性，将基础设施广义的分为乡村生活基础设施、乡村生态基础设施、乡村社会文化基础设施。主要内容如图 2-4 所示。

综上所述，乡村振兴“生态宜居”面临着基础设施加快建设与可持续发展的双重挑战。在乡村振兴战略大背景下，地材重新进入人们视线，一方面，由于“生态宜居”基础设施建设项目加快发展，急需大量地材供应；另一方面，乡村振兴发展与地材资源可持续性理念不谋而合。可持续建造的意义在于乡村建设的整个生命周期中，既创建了舒适、健康、环保的乡村人居

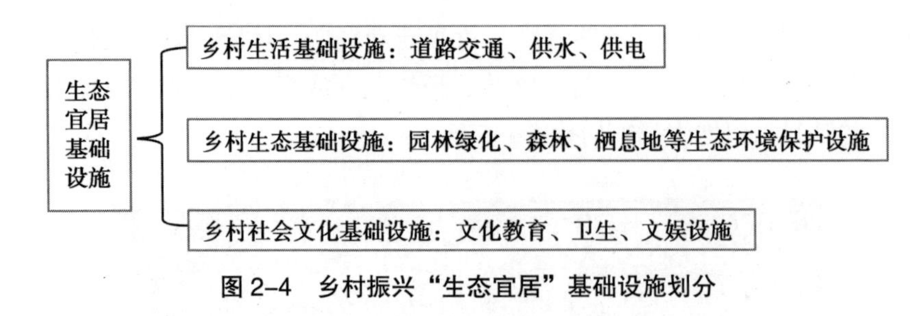

图 2-4　乡村振兴“生态宜居”基础设施划分

空间环境，又减少了各个阶段的资源浪费，使基础设施建设与周围环境相互适应、相互尊重，使地材资源乃至基础设施建设得到了最充分的显现。

在气候条件、经济状况、文化背景、社会环境多样化的川西地区，乡村振兴“生态宜居”建设项目飞速发展，地材应用于绿色可持续建设更是必然趋势。在乡村振兴发展的进程中，需提前规避地材在建筑地附近过度开采以及无采买路径规划的极端情形，充分保护乡村原有地的生态平衡以及环境友好型社会，使地材在乡村振兴战略背景下创造出新的附加价值。

第三节　地方性材料（地材）

一、地材的概念

地材指建设项目所在地附近通过开采或购买可获取的材料，主要指砂、石、灰、土、石米等当地生产的建设材料。例如，天然河砾石、天然冰积土、天然砂砾等多种地材被广泛地用于柔性道路、刚性道路和城乡道路的面层、基层和底基层等各个层位。

地材具备运输维护成本低廉的特点，能够就地取材用于建设项目。地材的合理应用不仅对加快乡村基础设施建设具有重要的技术经济意义，同时对于带动当地经济的发展具有重大的社会效益。地材具有以下不可替代的优势：

（1）由于取材途径多样化且方便，距离场地近，生产技术成熟且便于操作，因此对地材的开发有利于降低建设成本。

（2）相比外购材料，地材对当地的自然和社会条件适应能力更强，应用地材修建的基础设施质量也有较强的保障。

（3）注重回归自然和传统，有显著的环境可持续效益，真正实现了生态宜居。

二、地材在“生态宜居”建设项目中的应用

（一）四川省射洪县螺丝池电航工程

射洪县螺丝池电航工程（以下简称“电航”）系四川能源建设重点项目之一，该工程以发电为主，枢纽建筑由电站、船闸、拦河闸坝、漫滩溢流坝、尾水渠五部分组成。正常高水位回水长 17.45 千米，库容 6100 万立方米。该工程由能源部水电三局承建，1987 年 10 月开工，一共两期导截流施工，二期工程于 1988 年 12 月 10 日完成。

在该项目中，由于地材的合理应用，很大程度上缩短了围堰合龙的工期，且节约了成本，为主体工程建设争取了时间。在电航工程龙口截流工程中，选择了条石串抛投体，条石串良好的入水稳定性提高了龙口合龙的成功率，同时选择石料也减少了对生态环境的破坏，有利于水电工程与周边自然环境的可持续协调发展。

（二）西藏阿里苹果小学

阿里苹果小学位于佛教圣地（海拔 4800 米的冈仁波其峰）脚下，总建筑面积为 1850 平方米。由于西藏地区的海拔高度，建造过程中只能尽量选择当地材料，而在西藏最常见的材料便是石料。为达到经济和生态的协调，设计师大量采用了一种当地材料：自制鹅卵石砼砌块（见图 2–5）。新建建筑和原有基地由于使用了相同的材料，展现了更好的结合性，且不会对自然环境造成破坏，使得建筑工程与自然生态之间能够相互促进。同时，

图 2–5　西藏阿里苹果小学风貌图

所有建筑都采用单层设计，这样可以有效减小结构设计与施工难度。另外，对于需要现场制作的鹅卵石砼块而言，降低了强度要求，从而减少水泥和钢筋用量。钢筋砼结构则增强了建筑的抗震和耐久性，作为砼的主要材料之一，鹅卵石也得到了大量使用。

考虑到当地的自然因素，墙体顺着坡地与群落式散布的建筑一起将整个学校划分为一个个院落。随着高度不同的地基，建筑形成了群落的布置方式，如图 2–6 所示，不仅为孩子们带来丰富的空间体验，还可以在施工阶段采取分片同时施工的方式，有效缩短工期，降低成本。群落中的所有单体建筑都是朝南的，以便充分利用太阳能源，南面的整个墙体都采用双层钢框玻璃窗，具有透光、通风、采暖等综合功能。

图 2–6　西藏阿里苹果小学群落布置方式

同时，我国西北地区的黏土资源相当丰富，加工过程简单且清洁环保，施工工艺易于操作掌握，是一种可循环的地材。西藏阿里苹果小学利用黏土创造性的“编织构造”，充分利用了自然原理，满足了热工以及高原挡风的要求，获得了低技术创作的良好效果。

因此，地材的合理利用对于项目建设的功能实现、技术实现及建设费用都有很重要的意义。在乡村振兴背景下，生态宜居公共基础设施建设力度加大，地材的需求和价格的确定亟须一套完善的机制以进行动态管理，以便在保障工程进度和质量的前提下合理控制成本，更好地推动“生态宜居”建设的进程。

第四节　材料费

一、材料费的概念

材料费指建设项目施工过程中耗费的原材料、辅助材料、构配件、零件、半成品或成品、工程设备的费用。材料费与建设项目总投资及固定资产投资的关系由建设项目总投资构成（见图 2-7）和建筑安装工程费构成（见图 2-8）。

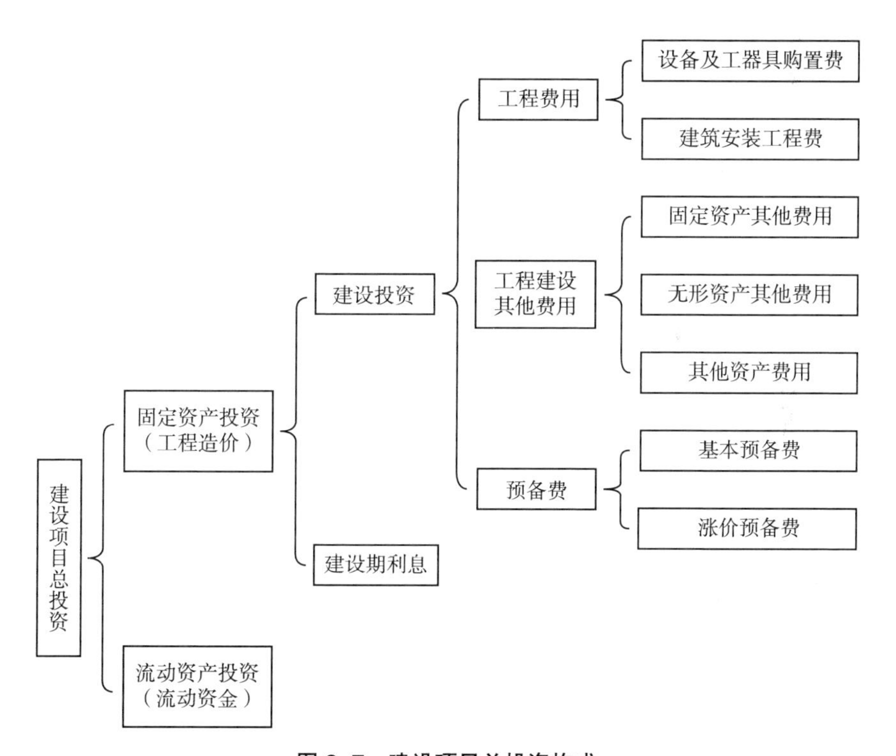

图 2-7　建设项目总投资构成

图 2-8 中，建筑安装工程费是固定资产投资的重要构成。制造业和房地产业是固定资产投资规模最大的两个领域，公共设施、交通运输也是固定资产投资规模较大的领域。在固定资产投资中，建筑安装工程的投资占比逐渐增加，已经超过了 70%。

图 2-8 是按照生产要素划分的建筑安装工程费构成。材料费作为建筑

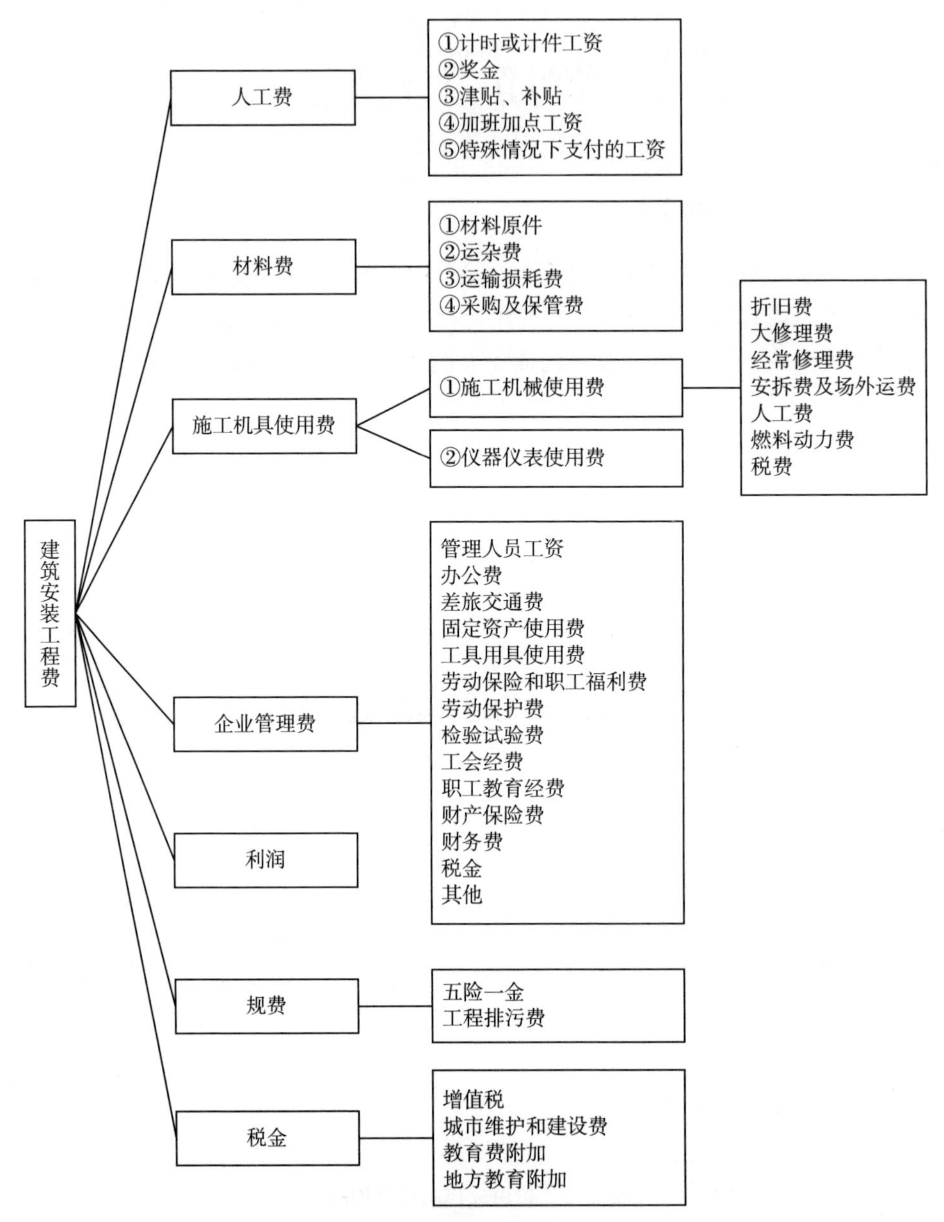

图 2-8 建筑安装工程费构成

安装工程费的重要构成，在工程实施过程中，是影响建筑安装工程费的重要因素。相关统计数据表明，在土建工程中，建筑材料费占建筑安装工程费的65%左右，是整个费用的构成主体。而在装饰工程及安装工程中，材料费用的占比高达75%左右，个别高档次的装饰工程比重甚至达85%以上。以前文乡村振兴“生态宜居”基础设施划分为例，乡村生活基础设施中的公路修建，在一般情况下材料费占建筑安装工程费的比例为 50%~60%。地材是建筑行业不可缺少的原材料，对工程项目的安全、质量、进度、效益有着举足轻重的影响，一般来说，地材使用费用占工程项目总造价的 5%~10%，以桥隧为主的土木工程项目，占比会更高。

公路工程项目常用建筑材料成本控制主要是钢筋、水泥、混凝土、粉煤灰、砂子、碎石和柴油等，按照施工总承包合同约定分解控制，通常分为可调差主材、不可调差地材、其他零星材料等。可调差主材材料涨价风险由甲乙双方共同承担，对成本影响一般在可控范围内，不可调差地材的成本风险则完全由施工企业承担，成本控制影响最大。

地材也是铁路施工物资的重要组成部分，主要包括砂、石、灰、土、石米等当地生产的物资。地材管理是铁路施工物资管理的重要方面，从杭黄铁路有限公司管理工程的情况分析，施工单位地材物耗成本占到了总施工合同份额的 4% 以上，是铁路施工企业成本的管理重点。

地材还是道路和桥梁工程中重要的物质基础，吴帮玉（2019）以各地自然地理和环境特征为依托，对重庆、西藏、广东、广西省域部分铁路桥梁、铁路隧道及路桥隧综合工程的地材数据进行整理和分析，如表 2-2~表 2-4 所示。

表 2-2 铁路桥梁工程材料费占比统计 单位：%

桥梁工程类型	材料费所占百分比			
	“46 号文”规定可调差材料	不可调差材料		
		小计	其中	
			地材	除地材外的不可调差材料
特殊桥梁（钢梁）	77.11	22.89	3.67	19.22
复杂特大桥	69.30	30.70	19.22	11.48
一般特大桥	54.18	45.82	30.30	15.52
一般大桥	51.55	48.45	40.34	8.11
平均值	63.03	36.97	23.38	13.59

表 2–3 铁路隧道工程材料费占比统计 单位 :%

项目名称	材料费所占百分比			
	“46 号文”规定可调差材料	不可调差材料		
		小计	其中	
			地材	除地材外的不可调差材料
L>4 千米单线隧道——西南地区	67.99	32.01	15.36	16.65
3 千米≤L≤4 千米单线隧道——高原地区	75.57	24.43	12.43	12.00
2 千米≤L≤3 千米双线隧道——西南地区	68.15	31.85	17.50	14.35
1 千米≤L≤2 千米双线隧道——南方地区	73.30	26.70	17.54	9.16
平均值	71.25	28.75	15.71	13.14

表 2–4 路桥隧综合工程材料费占比统计 单位：%

项目名称	材料费所占百分比			
	“46 号文”规定可调差材料	不可调差材料		
		小计	其中	
			地材	除地材外的不可调差材料
城际铁路—含路桥隧工程	65.18	34.82	9.57	25.25
高速铁路—含路桥工程	68.55	31.45	15.60	15.85
高速铁路—含路桥隧工程	68.63	31.37	18.64	12.73
普速铁路—含路桥隧工程	74.04	25.96	15.19	10.77
平均值	69.10	30.90	14.75	16.15

乡村振兴“生态宜居”建设项目中的生活基础设施和生态基础设施的建设，尤其是生活基础设施中的公路、道路、桥梁，地材费用占建筑安装工程费的 10% 以上，对项目的投资效益有直接的影响，对项目施工方的经济效益至关重要。加之，乡村振兴“生态宜居”建设项目的建设环境、地域位置、

经济环境相较大中型城市，具有一定的特殊及制约性，因此，地材价格的合理确定更是值得研究的问题。

二、材料费的计算

材料费的计算见式（2–1）。

材料费 = ∑{［∑（材料消耗量 × 材料预算价格）+ 其他材料费 + 设备摊销费］× 工程数量}　　（2–1）

以公路工程为例。材料消耗量、其他材料费和设备摊销费可通过《公路工程预算定额》《公路工程概算定额》或《公路工程估算指标》予以确定。材料价格由材料原价、运杂费、场外运输损耗、采购及保管费组成。材料价格的确定详见本章第五节。

挖掘机带破碎锤破碎石方（次坚石）1000 立方米，材料费确定如下：

查取公路工程预算定额 1–1–17（见表 2–5），需要破碎锤钢钎 0.21 根 /100 立方米天然密实方，其他材料费 436.4 元 /100 立方米天然密实方，设备摊销费 256.4 元 /100 立方米天然密实方。破碎锤钢钎的材料价格为 1500 元 / 根。则：

材料费 =（0.21 × 1500+436.4+256.4）×（1000/100）=10078.00（元）

表 2–5 "1–1–17 挖掘机带破碎锤破碎石方"公路工程预算定额

工作内容：①准备工作；②破碎石方；③解小巨石；④锤头保养及钢钎更换。

顺序号	项目	代号	挖掘机带破碎锤破碎石方（100 立方米天然密实方）		
			软石	次坚石	坚石
			1	2	3
1	人工（工日）	1001001	2.9	3.2	4.1
2	破碎锤钢钎（根）	2009039	0.11	0.21	0.32
3	其他材料费（元）	7801001	280.9	436.4	722.4
4	设备摊销费（元）	7901001	239.3	256.4	299.1
5	2.0 立方米履带式液压单斗挖掘机（台班）	8001030	1.11	1.85	2.35
6	基价（元）	9999001	2739	4277	5696

通过上述材料费的确定示例，材料消耗量和材料价格是影响材料费的两大

因素。一般来说，对于建筑工程，材料费占固定资产投资60%左右，材料价格总体变化1%，固定资产投资变化约0.6%。即材料价格对工程造价影响较大。

第五节　材料价格

材料价格指材料（包括原材料、构件、成品及半成品等）从其来源地（或交货地）到达工地仓库（或施工地点堆放材料的地方）后的出库价格。材料价格由材料原价、运杂费、场外运输损耗、采购及仓库保管费组成，如图2–9所示。

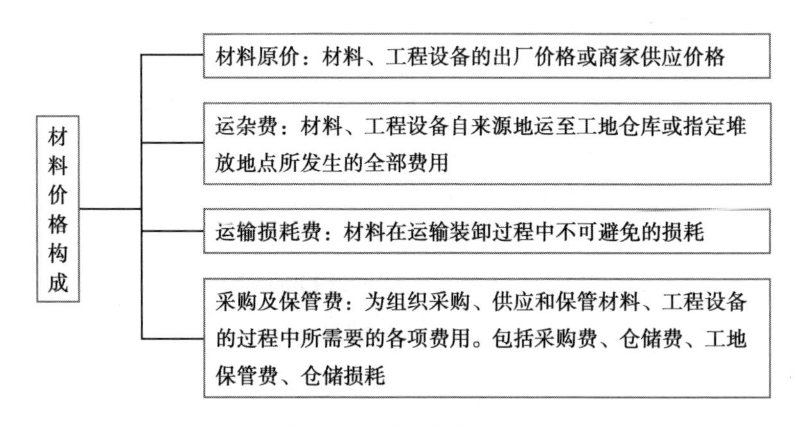

图2–9　材料价格构成

材料价格的计算见式（2–2）。

材料价格 =（材料原价 + 运杂费）×（1+ 场外运输损耗率）×（1+ 采购及保管费率）– 包装品回收价值　　（2–2）

一、材料原价

材料原价指材料的出厂价格或商家供应价格。材料根据采办来源方式的不同，可分为外购材料、地方性材料、自采材料三种，因此，材料原价的确定需确定其来源方式。

（1）外购材料：国家或地方的工业产品，按工业产品出厂价格或供销部门的供应价格计算，并根据情况加计供销部门手续费和包装费。如供应情况、交货条件不明确时，可采用当地的规定计算价格。

（2）地方性材料：主要指砂、石等材料，按实际调查价格或当地主管部门规定的预算价格计算。

（3）自采材料：自采的砂、石、黏土等材料，应考虑开采单价、开采时辅助生产间接费和矿产资源税（如有）等按实计取。

其中，辅助生产间接费是指由施工单位自行开采加工的砂、石等自采材料及施工单位自办的人工装卸和运输的间接费。辅助生产间接费按人工费的3%计。该项费用并入材料单价内构成材料费。高原地区施工单位的辅助生产，可按措施费中高原地区施工增加费费率，以定额人工费与施工机械费之和为基数计算高原地区施工增加费。其中，人工采集、加工材料、人工装卸、运输材料按土方费率计算；机械采集、加工材料按石方费率计算；机械装、运输材料按运输费率计算。

二、运杂费

运杂费系指材料自供应地点至工地仓库（施工地点存放材料的地方）的运杂费用，包括装卸费、运费，如果发生，还应计囤存费及其他杂费（如过磅、标签、支撑加固、路桥通行等费用）。其计算见式（2–3）：

运杂费 =（运距 × 单位运价 + 装卸费）× 毛重系数　　（2–3）

（1）通过铁路、水路和公路运输的材料，按调查的市场运价计算运费。

（2）有容器或包装的材料及长大轻浮材料，应按表2–6规定的毛质量计算。单位毛质量按式（2–4）计算。桶装沥青、汽油、柴油按每吨摊销一个旧汽油桶计算包装费（不计回收）。

单位毛质量 = 单位质量 × 毛质量系数　　（2–4）

其中，毛质量系数、单位毛质量按表2–6确定。

表2–6　材料毛质量系数及单位毛质量

材料名称	毛质量系数	单位毛质量
爆破材料（吨）	1.35	—
水泥、块状沥青（吨）	1.01	—
铁钉、铁件、焊条（吨）	1.10	—
液体沥青、液体燃料、水（吨）	桶装1.17， 油罐车装1.00	—
木料（立方米）	—	原木0.750吨， 锯材0.650吨
草袋（个）	—	0.004吨

运杂费的计算可参考表2–7。

表 2-7 运杂费的计算分析

是否需包装或绑扎 是否以吨作为单位	是	否
是	用毛质量系数 （查表 2-6，如水泥）	求出每吨运杂费即单位运杂量
否	用单位毛质量 （查表 2-6，如木料）	用《公路工程预算定额》（JTG/T 3832—2018）附录四“单位质量”，如中粗砂、碎石等

当一种材料有两个以上的供应点时，都应根据不同的运距、运量、运价采用加权平均的方法计算运费。

据统计，一般建筑材料运杂费约占本身材料价格的 10%~15%，某些地方材料由于原价低重量大，其运输费占本身价格比重更大。例如，有些大宗地材如砂、碎石、毛石、炉渣、矿渣、粉煤灰等占到 70%~90%，甚至有可能超过材料本身的原价，由此可见材料的运杂费直接影响材料价格乃至工程造价。

三、场外运输损耗费

场外运输损耗费系指有些材料在正常的运输过程中发生的损耗，这部分损耗应摊入材料单价内。材料场外运输损耗率如表 2-8 所示。计算见式（2-5）。

$$单位场外运输损耗费 = （材料原价 + 运杂费）\times 材料场外运输损耗率 \tag{2-5}$$

表 2-8 材料场外运输损耗率 单位：%

材料名称		场外运输（包括一次装卸）	每增加一次装卸
块状沥青		0.5	0.2
石屑、碎砾石、砂砾、煤渣、工业废渣、煤		1.0	0.4
砖、瓦、桶装沥青、石灰、黏土		3.0	1.0
草皮		7.0	3.0
水泥（袋装、散装）		1.0	0.4
砂	一般地区	2.5	1.0
	多风地区	5.0	2.0

注：汽车运水泥，如运距超过 500 千米时，袋装水泥损耗率增加 0.5 个百分点。

四、采购及保管费

采购及保管费是指在组织采购、保管材料过程中，所需的各项费用及工地仓库的材料储存损耗。材料采购及保管费计算见式（2–6）。

单位采购及保管费 =（材料原价 + 单位运杂费 + 单位场外运输损耗费）× 采购及保管费费率 （2–6）

钢材的采购及保管费费率为 0.75%。燃料、爆破材料为 3.26%，其余材料为 2.06%。商品水泥混凝土、沥青混合料和各类稳定土混合料、外购的构件、成品及半成品的价格计算方法同材料相同，商品水泥混凝土、沥青混合料和各类稳定土混合料不计采购及保管费，外购的构件、成品及半成品的采购及保管费费率为 0.42%。

例如，某路面工程，用桶装石油沥青，调查价格为 4200 元 / 吨，运价为 0.65 元 / 吨 · 千米，装卸费为 2.40 元 / 吨，运距 75 千米。回收沥青桶 50 元 / 吨，其价格确定如下：

单位运杂费 =（0.65×75+2.40）×1.17=59.85（元 / 吨）

场外运输损耗率为 3%，采购及保管费费率为 2.06%，回收沥青桶 50 元 / 吨。

沥青价格 =（4200+59.85）×（1+3%）×（1+2.06%）–50=4428.03（元 / 吨）

将上述桶装石油沥青的价格确定过程以表格计算形式表示，如表 2–9 所示。

一种材料如有两个以上的供应点时，应根据不同的供应量采用加权平均的方法计算材料原价。同样，一种材料如有两个以上的供应点时，应根据不同的运距、运量、运价采用加权平均的方法计算运费。

例如，某地方材料的采买，经调查有甲、乙两个供货地点，甲地出厂价格为 23 元 / 吨，可供量 65%；乙地出厂价格为 30.38 元 / 吨，可供量 35%。运输方式为汽车运输，运价 0.5 元 / 吨 · 千米，装卸费 1.80 元 / 吨，甲地离中心仓库 63 千米，乙地离中心仓库 79 千米，材料不需要包装，途中材料损耗率 1%，采购保管费费率 2.06%。该地方材料的价格确定如下：

路径一：

甲：（23+63×0.5+1.80）×（1+1%）×（1+2.5%）=58.28（元 / 吨）

乙：（30.38+79 × 0.5+1.80）×（1+1%）×（1+2.5%）=74.21（元 / 吨）

加权材料出厂价格：58.28 × 65%+74.21 × 35%=63.86（元 / 吨）

路径二：

加权平均计算综合原价：23 × 0.65+30.38 × 0.35=25.58（元 / 吨）

表 2-9　材料单价计算表

序号	规格名称	原价元 / 吨	运杂费					原价、运杂费合计（元）	场外运输损耗		采购及保管费		材料单价（元）
			供应地点	运输方式、比重及运距	毛重系数或单位	运杂费构成说明	运杂费（元）		费率（%）	金额（元）	费率（%）	金额（元）	
					毛重	计算式							
1	桶装石油沥青（吨）	4200	—	运价为 0.65 元 / 吨 · 千米，装卸费为 2.40 元 / 吨，运距 75 千米	1.17	（0.65 × 75+2.40） × 1.17	59.89	4259.89	3.00	127.80	2.06	90.39	4428.03
2	某地方材料（吨）	25.58	甲、乙两个供货地点	汽车运输，运价 0.5 元 / 吨 · 千米，装卸费 1.80 元 / 吨，甲地离中心仓库 63 千米，乙地离中心仓库 79 千米	—	加权运距 =63 × 0.65+79 × 0.35=68.6 千米 运杂费 =68.6 × 0.5+1.80=36.10 元 / 吨	36.1	61.68	1.00	0.62	2.06	1.28	63.58

加权计算运杂费：

加权运距 =63 × 0.65+79 × 0.35=68.6（千米）

运杂费 =68.6 × 0.5+1.80=36.1（元 / 吨）

场外运输损耗率为 1%，采购保管费费率为 2.06%。

材料价格 =（25.58+36.1）×（1+1%）×（1+2.06%）=63.58（元 / 吨）

材料价格的计算往往是表格形式。将路径二表达在材料价格计算表中。

第三章　基于案例引入的问题描述

正如第一章对川藏联网工程的表述：虽然川藏联网工程不是乡村振兴的基础设施建设，但它是乡村振兴建设中“联通”的基础保障，同时是信息技术与乡村生产生活深度融合的前提。另外，川藏联网工程的建设地点、建设环境，遇到的投资控制方面的难题，均与川西地区乡村振兴“生态宜居”建设项目有非常多的相似性。因此，基于本课题组主持的横向课题“川藏联网工程地材资源分布及工程应用经济性分析研究”，将川藏联网工程选为典型案例，分析川藏联网工程建设过程中的问题，为地材价格确定机制的分析奠定基础。

第一节　案例背景

位于西藏东部的昌都地区山高路险，昌都电网长期处于孤网运行状态，一直未能联入周边地区的电网。每到冬季枯水期，依赖水电供应的昌都电网便无法满足用电需求，常常出现拉闸限电、轮流供电的情况。无法保障电力供应成为西藏昌都地区发展的重要障碍。川藏联网工程也称川藏联网输变电工程，是将西藏昌都电网与四川电网接通，结束西藏昌都地区长期孤网运行的历史，从根本上解决了西藏昌都和四川甘孜南部地区严重缺电及无电问题。

作为总投资约 186.79 亿元的甘孜藏区“电力天路”工程的重要组成部分，川藏联网工程批准概算动态投资 66.2867 亿元，竣工结算动态投资 61.9568 亿元，包括 20 个施工包，共计 17 家施工单位参与，2 万余名建设人员并肩奋战、攻坚克难，从正式开工到投运历时约 8 个月（见图 3–1），提前半年建成了这项具有世界领先水平的高原输电精品工程，创造了世界高海拔地区电网建设“零死亡、零伤残、零缺陷”的新纪录，铸造了中国电网建设史上的又一历史丰碑。

川藏联网工程是国家“十二五”支持西藏的重大建设项目，也是我国首个进藏的电网工程。川藏联网工程贯彻了中央关于服务藏区经济社会跨越式

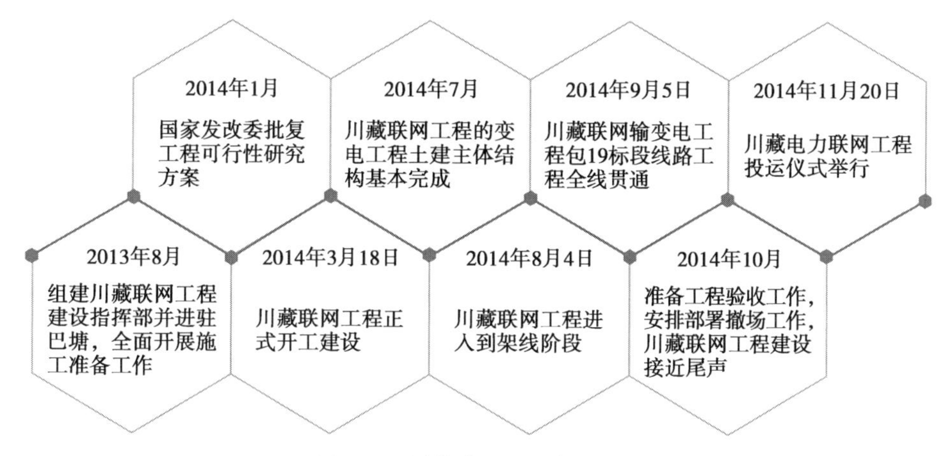

图 3–1　川藏联网工程施工进度

发展和长治久安的精神，促进了川藏两地藏区经济发展、社会进步，改善了广大人民群众的生产生活条件，维护了社会稳定大局和国家安全，增进了民族团结，实现了国家电网、四川电网与西藏电网相连，全面完成了无电区电网建设任务，解决了无电区供电问题。

川藏联网工程作为西部大开发的重点工程，有效地改善了西藏地区的电网结构，提高了电网的牢靠性，迈出了构建西藏统一电网的第一步，对维护西藏地区的社会稳定和长治久安有着重要意义。同时，该工程有力地促进了西藏昌都的水电资源开发，将能源优势转化为经济优势，对西藏地区实现经济社会跨越式发展、稳藏兴藏、促进民族团结具有深远的意义。

川藏联网工程的成功建设，是我国推动绿色发展、清洁发展的又一重要突破，是“资源节约型、环境友好型”的绿色和谐工程的典范。该工程不仅从根本上解决了制约当地经济社会发展和群众生产生活条件改善的无电缺电问题，还减少了终端燃煤消耗量，从而减少二氧化碳排放，有效改善了受端地区的生态环境，对落实国家大气污染防治行动计划有积极的推动作用。

一、工程概况

川藏联网工程从四川乡城县途经巴塘县至西藏昌都市，全长 1500 多千米，包括乡城—巴塘—昌都 500 千伏线路 1009 千米，邦达—昌都—玉龙 220 千伏线路 512 千米，以及巴塘、昌都两座 500 千伏变电站和邦达、玉龙两座 220 千伏变电站（见图 3–2）。具体线路如下：

（一）乡城—巴塘

乡城—巴塘 500 千伏线路起于四川省乡城县的乡城 500 千伏变电站，止

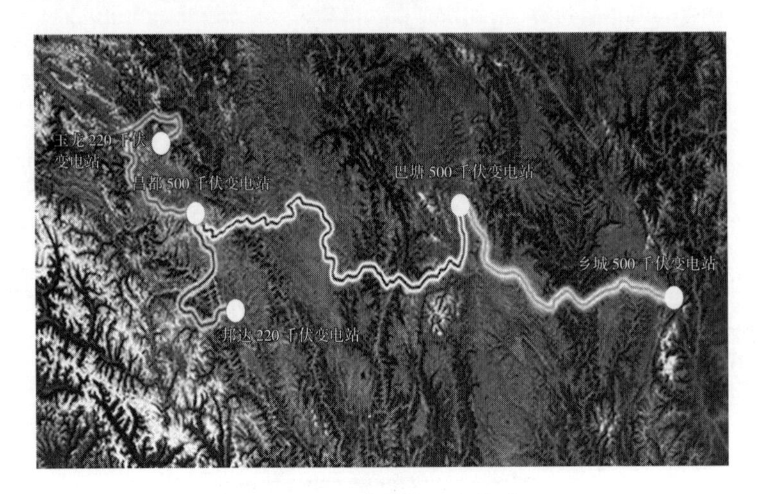

图 3–2 川藏联网工程线路

于四川省巴塘县的巴塘 500 千伏变电站，整体呈南北走向。该线路分为三个路段：乡城变—苏洼龙段线路从乡城 500 千伏变电站出线，翻越马鞍山，避开热打尼丁大峡谷保护区和规划尼丁水电站闸坝，在雪波附近跨越莫曲河后至昌波乡，沿金沙江左岸走线至苏洼龙，全段线路长约 2×137 千米；苏洼龙—竹巴龙段线路避让竹巴龙省级自然保护区，在竹巴龙附近跨越金沙江进入四川省巴塘县境内走线，全段长约 28.4 千米；竹巴龙—巴塘变段线路平行国道 318 和金沙江走线，避开在建热朗河水电站进水管后，在茶树山附近跨越国道 318 和巴楚河后进入巴塘 500 千伏变电站，全段长约 27.6 千米。

（二）巴塘—昌都

巴塘—昌都 500 千伏线路起于四川省巴塘县的 500 千伏变电站，止于西藏自治区昌都县的 500 千伏变电站，整体呈现西北—东南走向。线路从巴塘变出线后，沿金沙江河谷旁的县道向南走线约 29 千米到达川藏交界的金沙江大桥附近跨越金沙江，而后沿国道 318 走线至海通沟附近跨越国道 318 和海拔 4356 米的无名山脉，在扎冲嘎附近折向北平行乡道 Y572 和黑曲走线，线路全长 2×325 千米。

（三）昌都—玉龙

昌都—玉龙 220 千伏线路起于昌都 500 千伏变电站，止于西藏自治区昌都地区江达县的玉龙 220 千伏变电站。线路从昌都变电站出线，向西北侧走至国道 214 和澜沧江西侧，沿金河—昌都 110 千伏双回线路西侧向北走线，避开下加卡规划区，跨过国道 214、澜沧江及金昌 110 千伏双回线路，向北走线，避开昌都城区、达应卡规划区、卡若镇城区和卡若遗址等设施后，平行于国道 317 走线和昌都 110 千伏中心变—玉龙铜矿 110 千伏线路走线，避让拉多县级自然保护区，经拉多乡和妥坝乡进入江达县境内后，继续沿国道317走线至江达县巴纳村的玉龙220千伏变电站，线路全长2×189千米。

（四）昌都—邦达

昌都—邦达220千伏线路起于昌都500千伏变电站，止于西藏自治区昌都地区八宿县的邦达220千伏变电站，整体走向为由北向南。线路从昌都变电站向南走至余马桶，而后沿国道214，经年拉山隧道至察雅县吉塘镇西侧后折向右走线，向西连续跨越色曲和国道214，在夏雅村折向西南方向走线，跨越色曲、果曲等河流后，沿阿干赤山脚走线至多青达，再沿半山向南走线至益青村的邦达220千伏变电站，线路全长2×63.5千米。

二、施工条件

川藏联网工程以“五跨金沙江”的方式完成了乡城—巴塘500千伏线路和巴塘—昌都500千伏线路架设，即两条连接四川和西藏的500千伏输电线路将连续五次跨越金沙江，在川藏两地迂回前行。五次跨江施工，改变过去用船运送导线的方法，采用我国拥有完全自主知识产权的八旋翼飞机牵引导线（见图3-3）。这是我国电力建设史上首次实现同一等级输变电工程在高原、高海拔地区连续进行五次大档距、长高差的跨越。

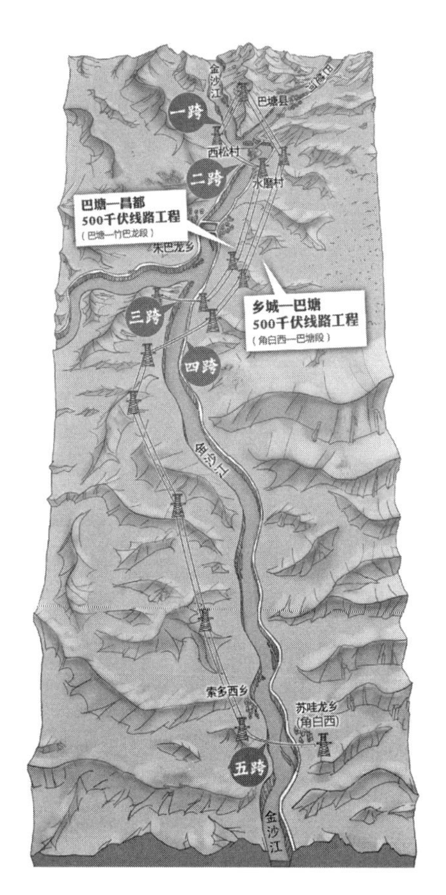

图3-3 无人机“五跨金沙江”引线施工示意图

（一）地理环境

由于川藏联网工程处于高海拔地区，且该地区地形高差大、地质灾害频发、地质条件复杂，同时运输条件艰险、运输距离较长，被认为是迄今世界上最具建设挑战性的超高压交流输变电工程。

川藏联网工程地处青藏高原一级阶梯向云贵高原二级阶梯急剧过渡地带，以及印度洋板块向欧亚板块俯冲川藏等地区的边缘区，平均海拔3850米，最高海拔为4918米，地势西高东低、北高南低。同时，该工程线路位于世界上地质构造最为复杂、地质灾害分布最广的“三江”（怒江、澜沧江、金沙江）断裂带。地震、崩塌、滑坡、泥石流等灾害风险隐患大。

该工程先后穿越巴楚河、金沙江、澜沧江等河谷和高山丛林，沿途多为高山峻岭（约占65%）和无人区，地形陡峭，线路起伏落差大，技术难度极大（见表3–1）。而且，川藏联网工程设备材料用量很大，沿线运输无铁路、高速公路可利用。针对这一复杂地貌，建设者大胆创新，采用轻型货运索道运输工程物资，整个工程共架设900多条1.5吨级货运索道，长达1100余千米，索道架设规模前所未有，如图3–4所示。

表3–1 川藏联网工程各区段地质条件

属地	区段	地质条件
四川	苏洼龙—竹巴龙	高山峡谷地貌，线路海拔高程约2400~3600米。地形条件差，斜坡松散层较薄，斜坡上植被不发育，斜坡稳定性极差，地震效应明显
四川—西藏	竹巴龙—芒康	地形条件较差，斜坡松散层厚，岩体破碎，斜坡稳定性差，地震效应明显
西藏	香堆镇—烟多电站	高山峡谷地貌，该段地形坡度一般为35°~65°，地形条件极差，斜坡上植被不发育。该段属不良地质高易发区，以山体斜坡下部的小规模浅表层滑塌及陡峭斜坡上的崩塌为主，对线路影响较大
四川	乡城变电站—马鞍山	高山峡谷地貌，该段地形坡度在一般为30°~45°，局部以陡坎或陡崖形态出现，斜坡上植被不甚发育，岩体裂隙较发育，风化强烈。该段属不良地质高易发区，以滑坡、泥石流、不稳定斜坡为主，主要发育在硕曲河两岸，对线路影响较大
西藏	扎木昆—昌都变电站	高山峡谷地貌，该段地形坡度一般为35°~65°，地形条件极差，斜坡上植被不发育。该段属不良地质高易发区，以山体斜坡下部的小规模浅表层滑塌及陡峭斜坡上的崩塌为主，对线路影响较大
西藏	烟多电站—扎木昆	中高山地貌，该段地形坡度一般为20°~40°，地形条件较差，斜坡上植被不发育。该段属不良地质作用高易发区，以河谷两侧滑坡、不稳定斜坡、泥石流、陡峭斜坡上的危岩、崩塌为主，对线路有一定影响
西藏	丘打冲—芒空丁一线	中高山地貌，该段地形坡度一般为20°~40°，局部以陡坎或陡崖形态出现，斜坡植被一般发育。该段属不良地质中易发区，以滑坡、不稳定斜坡、崩塌为主，主要发育在麦曲河两岸，对线路影响较大

续表

属地	区段	地质条件
四川	中咱乡雪波村—苏洼龙	高山峡谷地貌，该段地形坡度一般为 25°~40°，局部以陡坎或陡崖形态出现，斜坡植被一般发育。该段属不良地质中易发区，以滑坡、不稳定斜坡、崩塌为主，主要发育在麦曲河两岸，对线路影响较大
四川	巴塘变电站—竹巴龙	高山峡谷区，地形坡度一般为 35°~55°，陡坡及陡崖随处可见，地形条件差，斜坡上植被不发育。该段属不良地质作用高易发区与中易发区过渡地段，滑坡、泥石流、不稳定斜坡、崩塌发育，且金沙江两岸后期将受金沙江梯级电站的蓄水影响，产生的次生地质灾害较大较多，对线路影响较大
西藏	达巴—香堆乡	中高山地貌，该段地形坡度一般为 20°~40°，地形条件较差，斜坡上植被不发育，属不良地质作用高易发区，以河谷两侧滑坡、不稳定斜坡、泥石流、陡峭斜坡上的危岩、崩塌为主，对线路有一定影响
西藏	马鞍山—正斗村	高中山区，地形坡度一般为 15°~35°，山体多呈浑圆状。该段属不良地质作用高易发育区，但主要集中在沟谷底部地段，目前线路走线较高，对线路影响较小
西藏	果都西—中咱乡雪波村	中高山区，地形坡度一般为 15°~35°，山体多呈浑圆状，斜坡上植被发育。该段属不良地质作用中等发育区，以零星不稳定斜坡为主，对线路影响小
西藏	芒空丁—达巴	中高山地貌，该段地形坡度一般为 20°~35°，地形条件较好，斜坡上植被相对较发育。该段属不良地质作用低易发区，主要为线路沿线公路修建产生的小规模浅表层滑塌，对线路影响小
四川—西藏	正斗村—果都西	山间盆地区，主体由低矮的丘包与宽缓的盆地组成，地形整体平坦开阔。该段属不良地质作用低发育区，不良地质作用不甚发育，对线路基本无影响
西藏	芒康加素顶—丘打冲一线	低高山及高原区丘陵地貌，山体浑圆，该段地形坡度一般为 15°~30°，地形条件较好，斜坡上植被不发育。该段属不良地质作用不易发区，以河谷两侧斜坡下部浅表层滑塌为主，对线路影响小，线路稍微走高即可避让

注：该表按地质条件由差到优依次排列。

图 3–4　川藏联网工程货运索道

由表 3–1 可见，该工程处于高海拔地区，植被覆盖差，断裂较为发育且地震活动强度大、频数新，地质灾害（以崩塌、滑坡和泥石流为主）频发，严重地影响了川藏联网工程的施工与运行。

（二）气候条件

西藏昌都属于高原亚温带亚湿润气候，西北部、北部严寒干燥，东南部温和湿润；日照时间长，干湿分明，年平均气温在 7.6℃，年降雨量 400~600 毫米，因山高谷深，地形复杂，而有“一山有四季，十里不同天”的高原气候特征。

甘孜藏族自治州主要属青藏高原气候，随高差呈明显的垂直分布姿态，具有气温低、冬季长、降水少，日照足的特点。甘孜州所处地理纬度属于亚热带气候区，但由于地势强烈抬升，地形复杂，深处内陆，绝大部分区域已形成大陆性高原山地型季风气候，复杂多样，地域差异显著。南北跨 6 个纬度，随着纬度的自南向北增加，气温逐渐降低，在 6 个纬距范围内，年均气温相差达 7 摄氏度以上。

由此可知，该工程所在地的地形大概率为山地、高山大岭、崇山峻岭，工地沿线大部分地区处于低气压、缺氧、严寒、大风、强辐射等区域，极易引发肺水肿、脑水肿等高原疾病，可见该工程条件之苦，难度之高。

第二节 川藏联网工程地材价格的问题发现

一、川藏施工环境与运输道路的对比

由于本书是研究川西地区。因此，选取川藏联网工程川藏边界地带进行施工环境的对比研究。川藏边界地带地形地貌总览如图 3–5 所示。同时，选取芒康县尼增乡的施工段进行川藏施工环境的对比分析（见图 3–6、图 3–7），并对西藏段塔基 N231012~N231013（见图 3–8）与四川段塔基 N134040（见图 3–9）、N134042（见图 3–10）进行了实景拍照。

可以看出：川藏边界地带施工环境的相似度非常高，同属高海拔、少植被的高山峡谷地貌，西藏段的施工场地多为山顶台地，四川段反而更趋陡峭，施工难度甚至比西藏段还高。

对川藏边界地区的地材运输道路路况进行对比［西藏地区地材运输路况实景图（见图 3–11）与四川段芒康县竹巴龙乡地材运输路况实景图（见图 3–12）］。可以发现：川藏边界地带运输道路路况的相似度也非常高。一般为“国道 + 山路”。国道路面较好，但道路大多在峡谷和山体间穿行，路面窄、弯道多，还时常伴随滚石和山体滑坡，道路海拔较高；雨季垮方频发，道路经常中断，运输风险很高。山路则多为地方乡村道路，十分崎岖，基本是土路，车辆勉强能通行，遇雨雪天气，会出现大量水坑、暗冰，运输线路更为险恶。

现场踏勘的情况显示：川藏边界地区，无论是地形地貌（施工环境）还是运输道路路况，西藏区域和四川区域都非常相似。

二、问题的提出

课题组收集了川藏联网工程各施工包地材价格采购信息。将地材采购价格与西藏《市场价格信息》及《四川工程造价信息》进行对比，发现了两个方面的价差异常。

图 3-5　川藏边界地带地形地貌总览

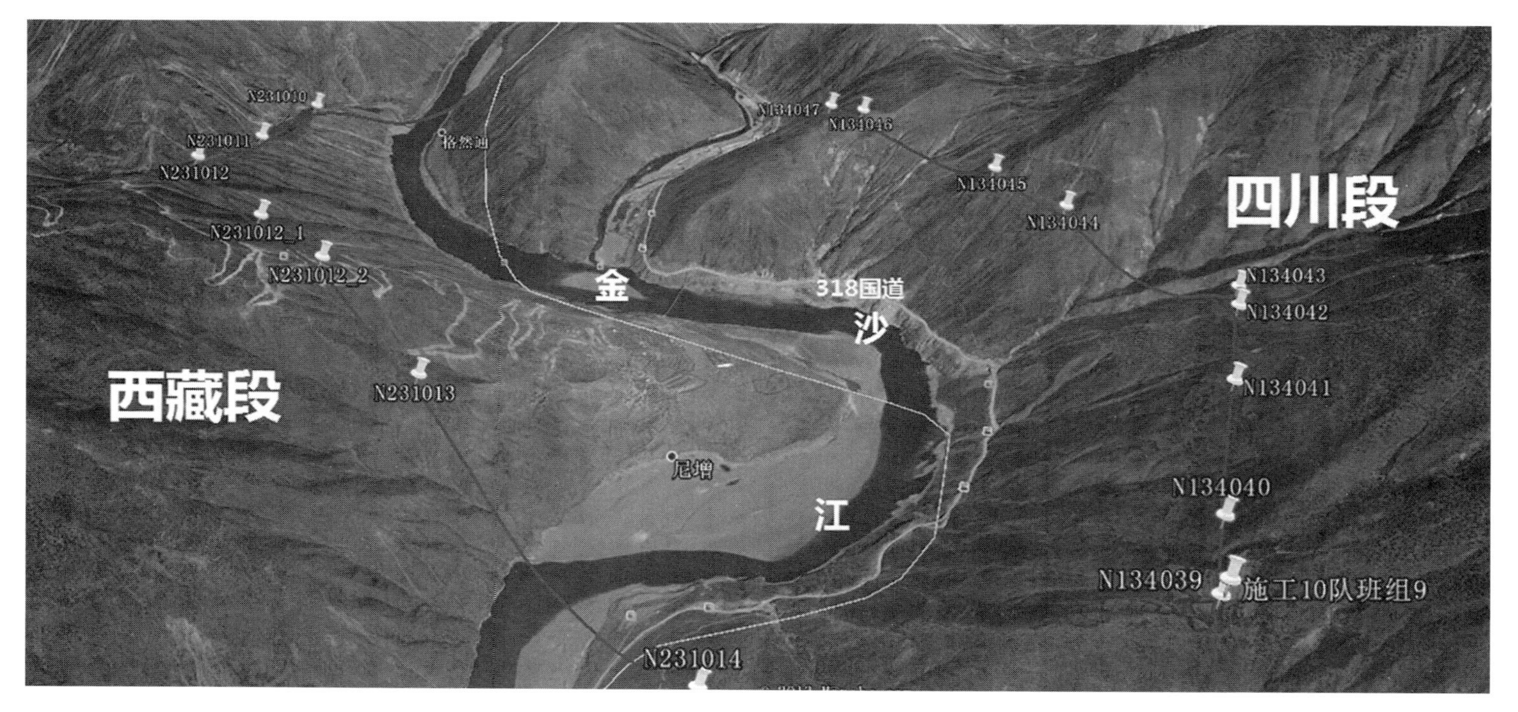

图 3-6　川藏边界地带（芒康县尼增乡附近）地形地貌对比（一）

图 3-7　川藏边界地带（芒康县尼增乡附近）地形地貌对比（二）

图 3-8　西藏段塔基 N231012~N231013 实景图

图 3-9　四川段塔基 N134040 实景图

图 3-10　四川段塔基 N134042 实景图

图 3-11　西藏地区地材运输路况实景图（施工包 9）

图 3-12　四川段芒康县竹巴龙乡地材运输路况实景图（施工包 9）

虽然川藏联网工程沿线大部分地区缺乏地方政府建设行政主管部门公布的地材信息，为了研究参照，查取西藏自治区建设工程造价与招投标中心主办的《市场价格信息》(2013 年第二期，季刊) 昌都地区部分材料指导价格表中砂、石、水泥的价格，如表 3–2 所示。

表 3–2　西藏昌都地区砂、石、水泥的价格

材料名称	规格型号	单位	市场价（元）
水泥	32.5MPa	吨	841.00
水泥	42.5MPa	吨	943.00
四川天全县水泥（小厂）	42.5MPa（天全至昌都）	吨	1228.00
四川眉山大厂水泥（袋装）	42.5MPa（眉山至昌都）	吨	1403.00
卵石	2~4 石	立方米	90.00
碎石	1~4 厘米	立方米	110.00
中砂		立方米	100.00

同时查取四川省建设工程造价管理总站、四川省造价工程师协会主办的《四川工程造价信息》(2013 年第 5 期，月刊) 中临近地区砂、石、水泥的价格，如表 3–3 所示。

表 3–3　四川临近地区砂、石、水泥的价格　　单位：元

材料	规格型号	单位	新津县	邛崃市	雅安市	康定县	冕宁县	盐源县
普通水泥	大厂 32.5R 袋装	吨	440.00	405.00	345.00~375.00	—	440.00	480.00
	大厂 42.5R 袋装	吨	460.00	418.00	405.00~430.00	—	540.00	560.00
	大厂 32.5R 散装	吨	420.00	385.00	—	—	430.00	460.00
	大厂 42.5R 散装	吨	440.00	398.00	—	—	530.00	540.00
	大厂 32.5 袋装	吨	—	—	—	400.00	430.00	470.00
	大厂 42.5 袋装	吨	—	—	—	460.00	530.00	550.00
砂	中砂	立方米	87.00	90.00	115.00	95.00	85.00	135.00
	细砂	立方米	89.00	92.00	110.00	100.00	85.00	135.00
石	碎石 5~10	立方米	—	56.00	85.00	95.00	50.00	—

分析砂、石、水泥在表 3–2、表 3–3 中的价格，对比分析如表 3–4 所示。

表 3–4　四川、西藏价格信息与典型施工包比较

与典型施工包价格比较	四川工程造价信息	西藏市场价格信息
砂	低	低
石	低	低
水泥	低	相对接近，仍偏低

无论是西藏还是四川，发布的临近地区砂、石、水泥的价格信息均比典型施工包的实际材料价格低，并且差距还很大。

（1）无论是西藏段的施工包还是四川段的施工包，地材的价格都远远高于同期信息价。

（2）对比西藏段施工包和四川段施工包的地材价格，没有明显的高低结论。有些西藏段施工包的地材价格比四川段施工包的地材价格高，有些则低，没有明显的规律。

不同施工包的实际价格差异太大，使得川藏联网工程结算工作遇到了很大的阻力。如何确定地材价格标准，采用什么样的价格进入结算，成为川藏联网工程结算工作必须解决的问题。为此，课程组接受中国电力工程顾问集团西南电力设计院有限公司委托承担了“川藏联网工程地材资源分布及工程应用经济性分析研究”课题。针对川藏联网工程建设及路径选择特点，为掌握川藏联网输变电工程各不同施工标段所处地区的实际地材价格，以及各施工地区运输条件不同而导致的运杂费差异，控制工程造价、确保概预算编制的准确性，为工程概预算评审和竣工决算审计提供依据，开展了川藏联网工程建设沿线地材资源分布和价格确定的综合研究工作。

该课题已结题。该案例的地材价格差异的解决方案可以为本书的研究提供理论基础。因此，将其作为典型案例予以分析。

材料信息价的编制是在取得政府主管部门的授权，由政府规定的专门部门组织编制并发布的材料价格。为保证公平、公正、指导性强，信息价具有普遍性特点。四川地区的信息价所面对的市场及施工环境为平原微丘区，交通相对便捷发达。正是因为信息价的普遍性，特殊地区特殊环境下的施工标段地材价格若不考虑实际情况直接采用，并不适宜。通过调研分析，施工环境与运输路况都非常相似的川藏边界地带，由于条件恶劣，地材价格确定的特殊性是客观存在的。巴塘县、乡城县、雅江县、九龙县、道孚县、理塘县、德荣县等施工段虽地属四川，但施工与气候环境已与藏区相似，且崇山峻岭、交通困难，仍采用四川普遍性的信息价显然不合时宜。

此外，即使西藏《市场价格信息》比《四川工程造价信息》的地材价格高，也仍然普遍低于各施工包（无论是西藏段的施工包还是四川段的施工包）。信息价与实际价格的偏差如何解释和如何采纳，也是“川藏联网”课题组解决的问题。

川西地区与川藏联网工程川藏边界地带的施工环境相似，会遇到同样的问题。川西地区乡村振兴“生态宜居”建设项目地材价格不太适合参考川藏普遍性地区的信息价，价格的确定具有特殊性和客观性，需要结合实际情况及调研数据，从材料价格的内容构成及计算方法上具体分析资源分布、恶劣环境对地材价格的客观影响。

第三节　地材价格（石）的分析

一、石的重要性分析

砂石骨料是混凝土最基本的组成成分。川藏联网工程骨料的重要性如下：

（1）骨料的需求量很大，每立方米砼中约需 1.5 立方米的骨料；

（2）骨料的质量直接影响砼坝的质量。例如，粗骨料粒径就有严格的划分标准，如表 3–5 所示。

表 3–5　粗骨料粒径划分标准　　单位：毫米

级配级别	一级配	二级配	三级配	四级配
粒径要求	5~20	5~20 20~40	5~20 20~40 40~80	5~20 20~40 40~80 80~120（150）

砂石是开采和消耗自然资源很大的产品，由于至今没有其他产品替代，其需求的刚性特征突出。随着现代混凝土技术的进步和对砂石的技术要求越来越高，能够满足要求的天然砂石数量越来越少。早期丰富的天然砂矿资源和易采价廉的传统经济，导致对砂石在国民经济建设中的重要地位和作用普遍认知不足，甚至轻视，以致缺少总体长远规划，疏于管理，造成砂石资源逐渐枯竭。

川藏地区随着基础设施建设的日益发展和对环境保护力度的逐步加强，

砂石供需矛盾尤其突出。近两年，川藏公路的改扩建工程对砂石料使用比较集中，多家单位集中在同一个时间段使用同一种资源，砂石供应量已明显不足，在新都桥、雅江、理塘沿线多数地区已出现天然砂石资源逐步减少，甚至无资源的状况。在川藏联网工程建设中，砂石资源分布与工程需要不匹配日益突出，各施工标段点多线长，砂石使用量大，而且比较集中。天然砂石在短时期内是不可再生资源，为地方性材料，在工程建设中用量大、价值低，需要就地取材，不宜长距离运输。但由于资源匮乏，各施工包只得远距离购买，甚至自行开采，直接增加了运输费用，抬高了砂石料的成本，造成砂石料价格的攀升，进而影响到工程造价的控制。

二、石价格的调研数据

川藏联网输变电工程 20 个施工包的石价格数据见川藏联网工程地材价格（石）调研（见表 3–6）。石的购买地点、采购价格、到小运起运点运距、运输道路情况、各标段到小运起运点均价等信息都反映在调研表中。

小运起运点又是材料采购的终点，材料到达施工包材料堆放地点就完成了采购，因此材料价格也算到这个点，采购过程中的费用算至小运起运点包干。小运起运点距离施工用料地点实际还有一段距离，这个距离的直线长度不长，但由于川藏联网工程施工环境的原因（大多在山地），这一小段的搬运（实际就是二次搬运）费用不容忽视，需要另行计算。本书主要研究的是地材价格，因此，小运起运点之后的费用不在研究范围内。

从调研表中可以看出，虽然施工区域均在川藏交界地段，但各施工包的石价格彼此差异较大，并且与同期的西藏昌都地区砂石信息价（见表 3–2）及四川临近地区砂石信息价（见表 3–3）相比，均明显偏高。

因此，根据收集到的价格数据，分别对石的采购价、运杂费、场外运输损耗、采购管理费及最终的各标段到小运起运点价格（即材料价格）进行因素分析，以便找出上述差别的原因，并确定各价格构成因素对材料价格的影响程度。

三、原价对石价格的影响

根据采办来源方式的不同，石的来源可分为地方性采购、外购、自采三种，因此，石的原价需要区分其采办来源方式。

（一）地方性采购

川藏联网工程的施工包分布如图 3–13 所示。

碎（卵）石的采买首选按照就近原则进行地方性采购，符合其地材的性

表 3-6　川藏联网工程地材价格（石）调研表

包号	包名称	施工单位	卵石（立方米）20~40 毫米					碎石（立方米）20~50 毫米				
			购买地点	采购价格（元）	到小运起运点运距（千米）	运输道路情况	各标段到小运起运点均价（元）	购买地点	采购价格（元）	到小运起运点运距（千米）	运输道路情况	各标段到小运起运点均价（元）
包 1	巴塘变电站	四川电力送变电建设公司	巴塘县茶树山砂场	72	30	13（国道）/17（山路）	230.5	巴塘县茶树山砂场	150	30	13（国道）/17（山路）	308.5
包 2	昌都变电站	黑龙江省送变电工程公司						昌都县金河砂石场	75	20	察芒公路;路况差	125
包 3	邦达变电站	湖北省送变电工程公司						八宿县益青乡砂石场	100	30	较差	160
包 4	玉龙变电站	湖南省送变电工程公司	江达县罗曲砂石场		45	进出路翻越雪集拉山，路况差	230	江达县罗曲砂石场		49	江达—玉龙公路，路况差	236
包 5	乡城—巴塘送电线路(乡城—热打乡）	四川蜀能电力有限公司						乡城县砂石场	70	40	同砂（见表 3-9）	138
包 6	乡城—巴塘送电线路（热打乡—果多西）	四川蜀能电力有限公司						乡城县砂石场	70	125	同砂（见表 3-9）	162.6

续表

包号	包名称	施工单位	卵石（立方米）20~40 毫米					碎石（立方米）20~50 毫米				
			购买地点	采购价格（元）	到小运起运点运距（千米）	运输道路情况	各标段到小运起运点均价（元）	购买地点	采购价格（元）	到小运起运点运距（千米）	运输道路情况	各标段到小运起运点均价（元）
包 7	乡城—巴塘送电线路（果多西—王大龙）	吉林省送变电工程公司	巴塘县巴楚河砂石场	90	150	同砂（见表 3–9）	430	巴塘县巴楚河砂石场	90	150	同砂（见表 3–9）	430
包 8	乡城—巴塘送电线路（王大龙—角白西）	江西省送变电建设公司	巴塘县金河砂石场	80	68	国道 318、214，路况一般	317					
包 9	乡城—巴塘送电线路（角白西—巴塘—竹巴龙）	四川电力送变电建设公司	巴塘县巴楚河沙场	55	40	国道、机耕道各占 50%	215					
包 10	巴塘—昌都送电线路（竹巴龙—加色顶）	湖南省送变电工程公司	国道 318 巴塘往芒康方向约 9 千米处砂石厂	60	公路 53.5 千米 + 机耕山路 10 千米	机耕山路山高路陡弯急，路况特别差	220					

续表

包号	包名称	施工单位	卵石（立方米）20~40毫米					碎石（立方米）20~50毫米				
			购买地点	采购价格（元）	到小运起运点运距（千米）	运输道路情况	各标段到小运起运点均价（元）	购买地点	采购价格（元）	到小运起运点运距（千米）	运输道路情况	各标段到小运起运点均价（元）
包10	巴塘—昌都送电线路（竹巴龙—加色顶）	湖南省送变电工程公司	国道318巴塘往芒康方向约9千米处砂石厂	60	公路83千米+机耕山路12千米	机耕山路山高路陡弯急，路况特别差	288					
包11	巴塘—昌都送电线路（加色顶—脱果洛）	山西省电力公司送变电工程公司	芒康县洛尼乡砂厂（四川省圣泽建设集团有限公司）	120	30	察芒公路，路况差	170					
			芒康县措瓦乡砂厂（四川浩宇电力安装工程有限公司）	125	45		225					
包12	巴塘—昌都送电线路（脱果洛—措瓦乡）	河南送变电工程公司						措瓦乡砂厂	160	30~50	县道、乡道，路况极差	350

续表

包号	包名称	施工单位	卵石（立方米）20~40毫米					碎石（立方米）20~50毫米				
			购买地点	采购价格（元）	到小运起运点运距（千米）	运输道路情况	各标段到小运起运点均价（元）	购买地点	采购价格（元）	到小运起运点运距（千米）	运输道路情况	各标段到小运起运点均价（元）
包13	巴塘—昌都送电线路（措瓦乡—前进）	甘肃送变电工程公司	察雅县阿孜乡河道	310	25	村道	740					
			芒康县措瓦乡河道	360	30	村道	880					
包14	巴塘—昌都送电线路（前进—额日瓦）	国网西藏电力建设有限公司						察雅县香堆镇达巴村自建料场	190	25	察芒公路，路况差	515
包15	巴塘—昌都送电线路（额日瓦—荣周乡）	国网西藏电力建设有限公司						察雅县荣周乡荣周砂场	87	30	察芒公路；路况差	387
包16	巴塘—昌都送电线路（荣周乡—扎木昆—昌都）	青海送变电工程公司						金河砂石厂	90	65		155
包17	邦达—昌都送电线路	青海送变电工程公司						察雅县金河砂石场	90	29	同砂	155

续表

包号	包名称	施工单位	卵石（立方米）20~40毫米					碎石（立方米）20~50毫米				
			购买地点	采购价格（元）	到小运起运点运距（千米）	运输道路情况	各标段到小运起运点均价（元）	购买地点	采购价格（元）	到小运起运点运距（千米）	运输道路情况	各标段到小运起运点均价（元）
包17	邦达—昌都送电线路	青海送变电工程公司						察雅县吉塘砂石场	120	23	国道214，路况差、受冰雪灾害严重	280
								八宿县邦达砂石场	140	44	国道214，路况差、受冰雪灾害严重	220
包18	昌都—玉龙送电线路（昌都—日通乡）	国网山西供电工程承装公司	昌都县砂石厂	60	27	国道317、214，路况差	164					
包19	昌都—玉龙送电线路（日通乡—妥坝乡）	华东送变电工程公司	昌都县日通乡砂石场	80	30	国道317，乡村土路	130					
包20	昌都—玉龙送电线路（妥坝乡—玉龙）	陕西送变电工程公司	聚宝砂场	100	50	国道317，路况一般	200					
			玉龙铜矿	100	20	国道317，路况一般	180					
			洛曲砂场	100	50	国道317，路况一般	200					

质。项目建设沿线的碎（卵）石资源分布是实现合理采买的前提条件。依据每个施工包的采购距离确定的资源分布如表 3–7 所示。实际上，还应考虑粗骨料粒径划分标准（见表 3–5）以及设计施工对石料的要求进行更细化的资源分布采集。

表 3–7　川藏联网工程碎（卵）石的资源分布

分包号	①	②	③	④	⑤	⑥	⑦	⑧
运输距离（千米）	30	25	52	52	58	78	140	85
分包号	⑨	⑩	⑪	⑫	⑬	⑭	⑮	⑯
运输距离（千米）	50	78.3	25	30	25	20	45	15
分包号	⑰	⑱	⑲	⑳				
运输距离（千米）	53.07	65	54.63					

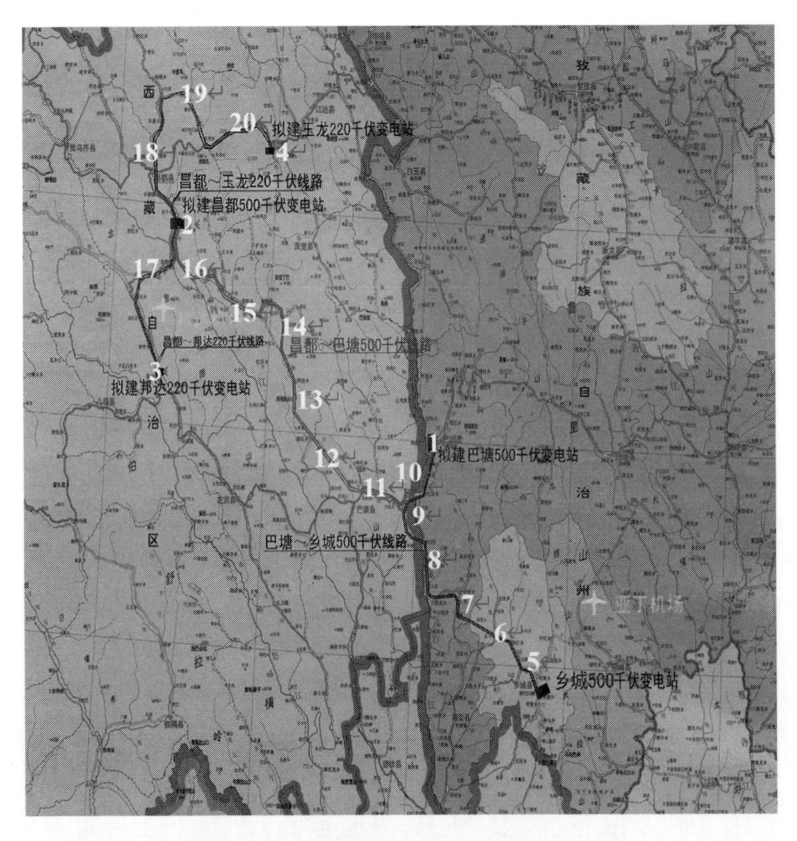

图 3–13　川藏联网工程的施工包分布示意

注：图中数字表示各施工包。

根据川藏联网工程地材价格的调研数据（见表 3-6），各施工包石的采购价格差异较大，卵石（20~40 毫米）采购价最低 55 元 / 立方米，最高 360 元 / 立方米，大多分布在 80~110 元 / 立方米；碎石（20~50 毫米）采购价最低 70 元 / 立方米，最高 236 元 / 立方米，大多分布在 90~120 元 / 立方米。采购价虽然差异性较大，但尚属正常，与信息价偏离也不大，且偏差也能因地理环境的恶劣严峻、资源有限及资源开采的困难而理性理解。碎（卵）石原本属于地方性材料，尽可能就近购买。当地自办的砂石料场非常有限，还要考虑砂石的质量和料场的产量。少量合格的砂石料场不能形成竞争，地方自办砂石料场甚至是垄断性经营，垄断砂石资源，加上砂场（厂）开采条件确实恶劣，因此采购价偏高。

（二）外购

根据川藏联网工程地材价格的调研数据（见表 3-6）进行采购价与各标段到小运起运点均价（即材料价格）的分析。石的采购价与材料价格关联分析如图 3-14 所示。从关联图中可以清晰地发现：采购价与材料价格的变化幅度基本一致，即采购价的高低会自然影响到最终材料价格的高低。川藏联网工程各施工包采购价偏高，自然最终的材料价格就会受到偏高的影响。

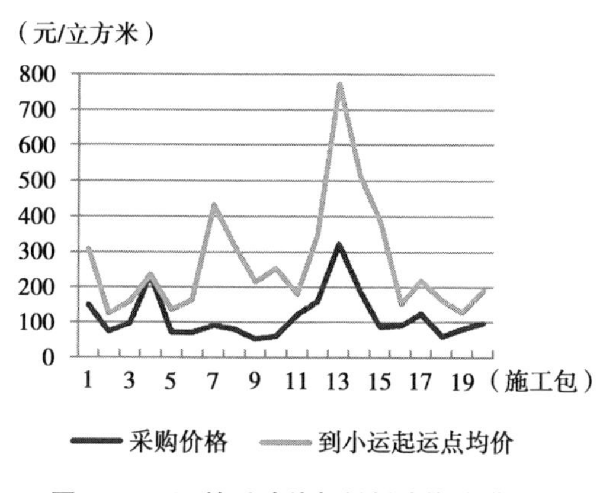

图 3-14　石的采购价与材料价格关联分析

比较特殊的是：施工包 7、9 的采购价相对不是很高，到小运起运点均价却有些偏高。这说明，除采购价对材料价格的影响外，运杂费是影响材料价格的重要因素（下文会深入分析运杂费对材料价格的影响）。而这两个施工包的材料系外购。当就近采买的原则不能满足（石料质量或数量不满足）时，就只好外购。此时，采购原价里包含的采购点到各标段小运起运点的运输费用就非常可观了，严重影响石材的原价。

（三）自采

由于新都桥、雅江、理塘沿线多数地区已出现天然砂资源逐步减少，甚至无资源的状况。外购的运杂费导致材料价格太高，个别施工包标段采用了自采的方式，如开山放炮、机械或人工开挖山石、山砂。自采材料应考虑开采单价，开采时辅助生产的管理费和矿产资源税（如有）等也应按实计取。

自采材料的情况比较特殊，但在川藏联网工程及类似工程中在所难免，因而如何真实地确定此种情况的材料原价具有实践意义。

自采材料除了确定开采地点，还需要确定加工来源和开采方法。这些都会影响开采的石料价格。

根据骨料加工来源的不同，可分为天然骨料（成本低，未经加工，级配与砼设计级配不同）；人工骨料（质量好，可利用开挖出的石料，但成本高）；混合骨料（天然骨料为主，人工骨料为辅）。因此，在不影响砼质量的前提下，石的原价需要区分加工来源。

根据骨料的毛料开采方法不同，可分为水下开采（从河床或河滩开挖天然砂砾料，宜用索铲挖掘机和采砂船）；陆上开采（主要使用挖掘机。如图3-15所示的正铲挖掘机、反铲挖掘机）；山场开采（采用洞室爆破和深孔爆破）。因此，石的原价需要区分毛料的开采方法。

图 3-15　正铲、反铲挖掘机

自采还有一套完整的加工流程。根据骨料加工工艺流程，组成骨料加工厂，将采集到的毛料进行加工。一般需要通过破碎、筛分，制成符合级配、除去杂质的碎石。

（1）骨料的破碎：使用破碎机械碎石，常用的设备有颚板式、锥式、反击式碎石机。

（2）骨料的筛分：为了分级，需将采集的天然毛料或破碎后的混合料筛分，分级的方法有水力筛分和机械筛分两种。大规模的筛分多用机械筛分，有偏心振动和惯性振动两种。

（3）成品堆放。

上述加工流程都会反映到自采材料的原价中，详细的分析见第四章。

四、运杂费对石价格的影响

（一）运距对材料运杂费的影响

根据川藏联网工程地材价格（石）调研表（见表 3–6），当采购价差别不大时，各施工包到小运起运点均价却仍有一些彼此差异较大，巴塘县卵石的运距与采购价比重趋势变化如图 3–16 所示。价格数据及趋势变化图说明：不同施工包在采购价彼此接近的情况下，采购价占材料构成的比重下降是另有因素，即运杂费，占材料价格构成的比重增加。砂、石原本属于地方性材料，当资源匮乏和分布稀缺时，工程建设所需大量砂、石远距离外购，运杂费成为材料价格差异性的主导因素。

乡城县、芒康县石的价格数据都能反映上述相似的变化趋势。

调研数据说明，运杂费的计算对材料价格的影响非常重要，甚至比采购

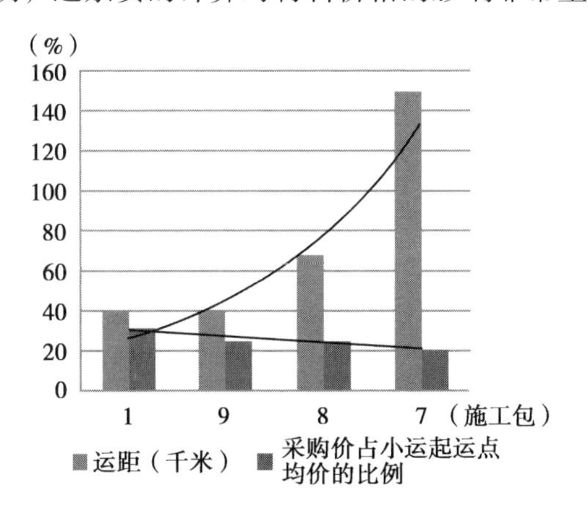

图 3–16　巴塘县卵石的运距与采购价比重趋势变化

价的影响更大。当地材由于当地资源和生产供应量不能满足工程需要而转为远距离采购时，运距的大幅度增长，势必导致运输成本的增加，运杂费成为影响材料价格高低的决定性因素。

如位于甘孜州巴塘县夏邛镇崩扎村和河西村的施工包 1 巴塘 500 千伏变电站，距离巴塘县较近的 3 家砂石厂分别为四里龙村砂石厂、茶树山砂石

厂、巴楚河砂场，如图 3–17 所示。

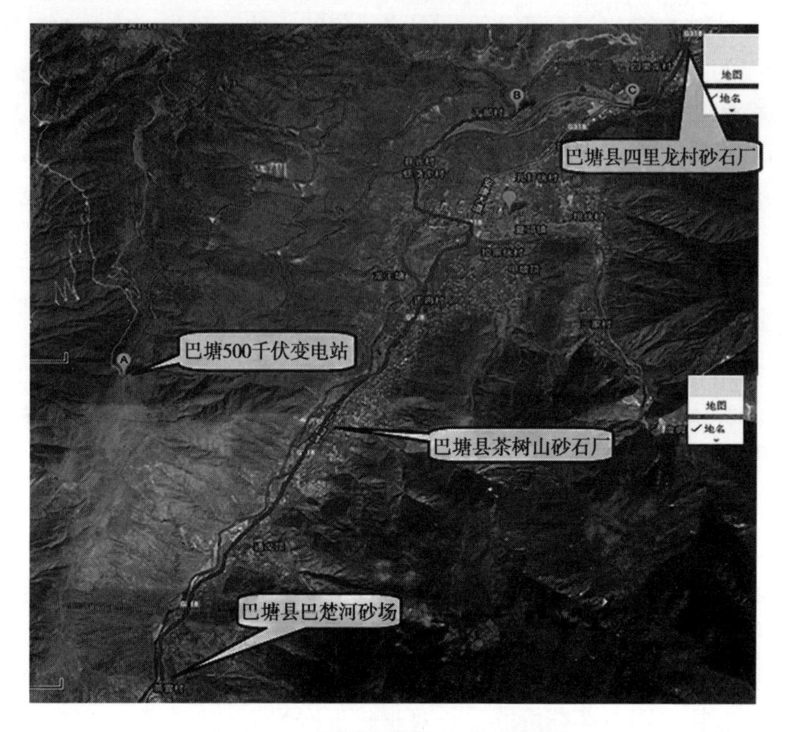

图 3–17 巴塘变电站与砂石场位置

四里龙村砂石厂的运输距离为 26 千米（1.5 千米乡道 +7.5 千米国道 +17 千米进站山道），茶树山砂石厂的运输距离为 30 千米（13 千米国道 +17 千米进站山道），巴楚河砂场的运输距离为 35 千米（18 千米国道 +17 千米进站山道）。这样的运距和路况比例在川藏联网工程各施工包中比较有代表性。

四里龙村砂石厂运距最近，其到货价和巴塘县茶树山砂场基本相同，但其经营现状不够稳定，存在随时停产的风险；巴楚河砂场由于运距偏远，到场价则高一些。最后综合考虑，选择茶树山砂石厂作为工程的地材供应商。这样的比选标准在川藏联网工程各施工包中比较有代表性。

（二）运输环境对材料运杂费的影响

运距还不是决定运杂费高低的唯一因素。察雅县碎石的运距与采购价比重趋势变化如图 3–18 所示，运距线性增长，而采购价占小运起运点均价的比例却是抛物线的变化轨迹，而非图 3–18 的变化趋势。这说明，排除采购价的影响（采购价差别不大的情况下），川藏交界地带砂石的运杂费也并非始终随着运距的增加线性增加，也有例外。

在石的运距与运费散点分析中（见图 3–19），石的运距与运费变化趋势

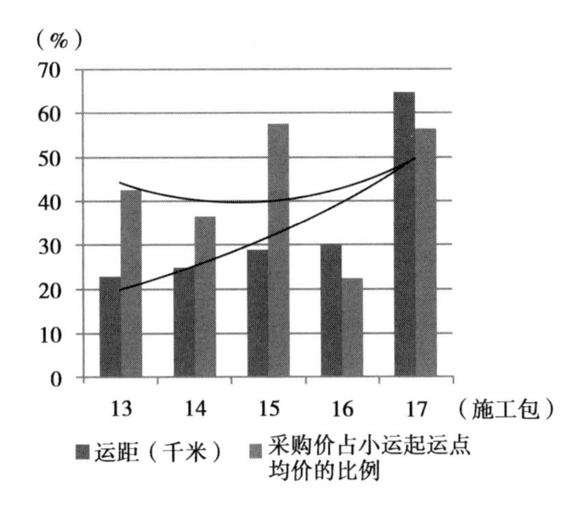

图 3-18 察雅县碎石的运距与采购价比重趋势变化

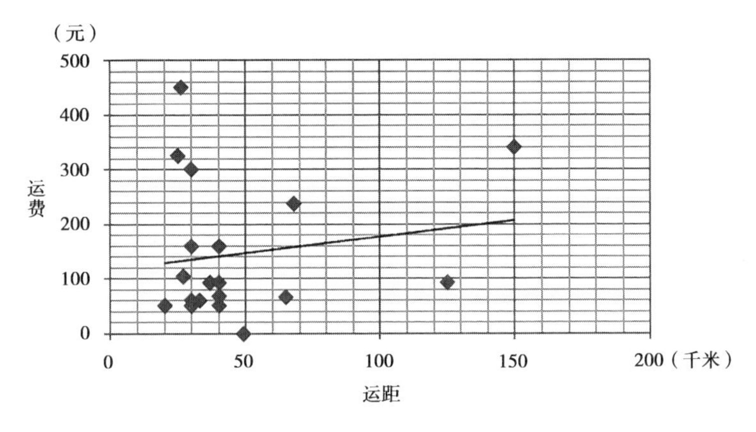

图 3-19 石的运距与运费散点分析

基本一致，运距的增加势必导致材料运费的增长。在增长趋势一致的情况下，运距 30~40 千米范围内，运费的离散现象却很明显。这说明运杂费不仅受运距的影响，还有其他影响因素。

通过现场调研不难发现：运距固然是运费高低的重要影响因素，在川藏联网交界地段，运输方式以及运输的难易程度（环境、气候、运输路况等）导致的单位运价差异更是一个不容忽视，甚至是更为重要的运费决定性因素。

如包 1 巴塘 500 千伏变电站，三家比选，最终选择茶树山砂石厂作为工程的地材供应商，其运输距离为 30 千米（13 千米国道 +17 千米进站山道）。进站山道是利用原巴塘县—拉哇乡的 005 乡道为基础进行的扩宽改建，如图 3-20、图 3-21 所示。

该进站山道弯多、路窄、坡度大、路面未硬化（土路），材料运输效率

图 3-20　包 1 进站道路走向示意图

图 3-21　包 1 进站道路一段

低。运送材料上山的车辆都采用双桥以上的重型汽车，车辆行驶速度缓慢、车辆磨损及耗油量均远大于正常情况，往返一次需 4 小时以上。测算的运费及运输参数如表 3-8 所示。路况的严峻导致川藏联网工程地材的单位运价普遍高于内地市场运输价。

表 3-8　包 1 地材综合价格测算表

序号	名称 / 规格	出厂价（元）	综合运费（元）	综合单价（元）	运输工具	运输距离国道 / 山路（千米）	上下山时间（小时）		一次运输耗油（升）	每天运输次数
							下山	上山		
1	中砂（立方米）	70	173.5	243.5	双桥车	13/17	1.5	3	168	2
2	碎石（立方米）20~50 毫米	150	158.5	308.5	双桥车	13/17	1.5	3	168	2
3	卵石（立方米）20~50 毫米	72	158.5	230.5	双桥车	13/17	1.5	3	168	2
4	毛石（立方米）	52	158	210	双桥车	13/17	1.5	3	168	2
5	片石（立方米）	120	158.5	278.5	双桥车	13/17	1.5	3	168	2
6	连砂石（立方米）	42	158	200	双桥车	13/17	1.5	3	168	2

此外，运输车队大多由当地组织，不能跨界运输，各村镇之间地界有归属，如塔基所需地材必须在塔基所在村镇采购，由该村镇组织运输。当地民俗民风的客观存在，虽经川藏联网指挥部协调办和监理部的多次沟通与协调，但最终地材的运输单价仍远远高于内地市场运输价。

位于江达县青泥洞乡巴纳行政村的施工包4玉龙220千伏变电站新建工程，砂石地材采购点分布于317国道旁，具体位置如图3–22所示。罗曲砂场位于江达县卡贡乡，距工地49千米，玉龙采石场位于江达县玉龙铜矿附近，距工地42千米。

图3–22 玉龙变电站砂石采购点位置示意图

道路情况：①罗曲砂场，进出需翻越雪集拉山。乡间泥泞土路10千米，占砂石运输距离20%；317国道36.5千米，混凝土路面，有路面塌陷现象，占砂石运输距离75%；501省道2.5千米，混凝土路面，路况较好，占砂石运输距离5%。②玉龙采石场，317国道39.5千米，混凝土路面，占砂石运输距离94%；501省道2.5千米，混凝土路面，占砂石运输距离6%。

包4的运距不算太远，但到小运起运点均价却偏高，主要原因在于包4的砂石运输路况导致单位运价太高。在川藏联网工程其他施工包中，包4的砂石运输路况尚不属最严峻的地段。

再如包17邦达—昌都220千伏线路工程。该施工包线路设计沿着214国道走线，基础施工所采用的砂、石等原材料的大运全部通过214国道运输，50基基础通过停运的老214国道运输。包17砂石采购路线如图3–23所示，包17部分运输道路（类乌齐山）如图3–24所示。

G214国道路况较好，但浪拉山路段有30千米全部为盘山路，山脚下海

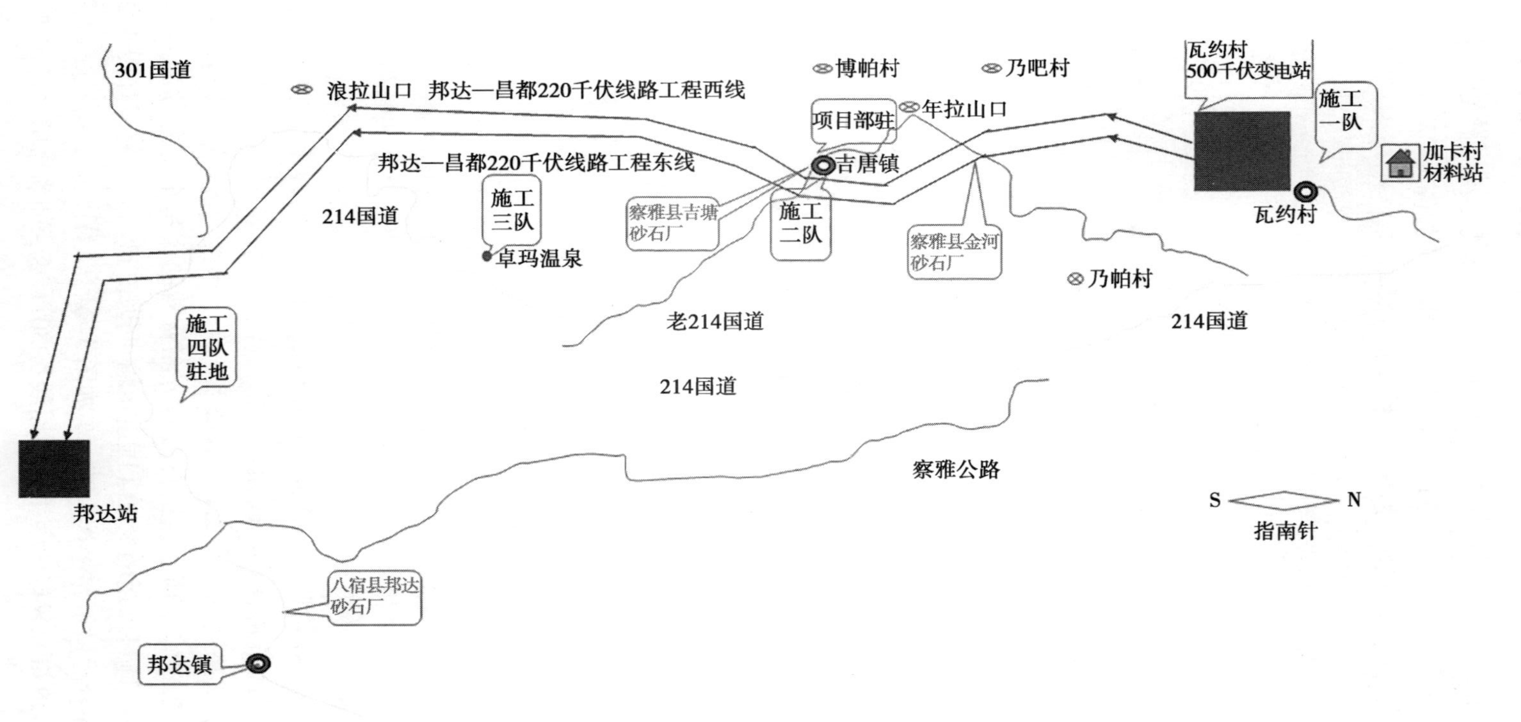

图 3-23　包 17 砂石采购路线示意图

图 3-24　包 17 部分运输道路（类乌齐山）

拔 3200 米，山顶 4500 米，地势起伏较大，该路段常年受雨雪天气的影响，只要有雨雪天，运输车辆全部停运，材料运输费用要比一般地区高出很多。

老 214 国道已停运，失修已久，路况极差，塌方严重，路面大面积损坏，间断性地出现山体滑坡路面被堵塞，要定期进行路面清理和维护。开工前该施工包项目部对运输路段进行了全面的维修和清理，保障运输路段畅通和路况良好，并且施工期间，组织人员定期对运输段的路面进行检查和维修。

如此的运输路况，加上该施工包沿线经过三个县 16 个村镇，运输由当地人负责，不能跨界运输，因而运输单价很高。

包 1、包 4、包 17 的运输情况有一定的代表性：川藏交界地带施工包的材料运输道路一般均为“国道 + 山道”。

国道道路路面较好，但道路大多在峡谷和山体间穿行，道路海拔高，相对高差可达几百甚至几千米，车辆行驶速度平均 40 千米 / 小时，车辆运输效率低；路面窄、弯道多，地形陡峭且岩石破碎、风化严重、易塌方，时常伴随滚石和山体滑坡（见图 3-25），雨季垮方频发，道路经常中断，运输风险很高。砂石国道运输单价一般在 1.74 元 / 立方米 · 千米。

山道大多为爬坡土路（路面未硬化），路窄、弯多弯急、路面差、坡度陡，平均车速 15 千米 / 小时，车辆运输效率极低（见图 3-26~ 图 3-32）。有些路段需要局部加宽修建（见图 3-30）；多段“禁止重车通行”（见图 3-31）；冬季部分路段会有暗冰，遇雨雪天气无法使用，草原道路通行困难，遇雨天出现大量水坑车辆，需进行维修才能通行（见图 3-32）。砂石山道运输单价受地方限制，2~7 元 / 立方米 · 千米不等。

图 3-25 道路周边的山体地貌

图 3–26　山路运输远景

图 3–27　山路运输路况近景一

图 3-28　山路运输路况近景二

图 3-29　山路运输路况近景三

图 3–30　山路局部加宽修建

图 3–31　多段“禁止重车通行”

图 3–31　多段“禁止重车通行”（续）

图 3-32　山道路况复杂

图 3-32　山道路况复杂（续）

（三）川藏联网工程砂石材料运杂费的特殊性

川藏联网工程地材“国道＋山道”的材料运输路径决定了：长距离运输的高成本；运输单价也远远高于内地市场运输价。因此，川藏联网工程地材的采购运输价普遍较高。由于川藏联网工程地材的远距离采购及特殊的运输环境，其运杂费的确定具有特殊性。

如交通部《公路工程基本建设项目概预算编制办法》中关于施工单位自办的运输就有相关规定可以借鉴：单程运距15千米以上的长途汽车运输按当地交通部门规定的统一运价计算运费；单程运距5~15千米的汽车运输按当地交通部门规定的统一运价计算运费，当工程所在地交通不便、社会运输力量缺乏时，如边远地区和某些山林区，允许按当地交通部门规定的统一运价加50%计算运费；单程运距5千米及以内的汽车运输以及人力场外运输，按预算定额计算运费，其中人力装卸和运输另按人工费加计辅助生产间接费。

各施工点还普遍存在二次转运的情况。二次转运费的高低也视具体环境、地形地貌差距很大。如开山放炮自采砂石后，在人烟稀少、高海拔、高风速、崇山峻岭、交通困难的环境中，只能找到当地藏民，以人力挑抬或骡子搬运的方式进行材料的运输，非常艰苦，效率很低，也抬高了自采材料的价格。本书对地材价格的经济分析研究为施工包各标段到小运起运点材料均价，小运对材料费的影响暂不讨论。

针对川藏联网工程砂石运杂费的特殊性，川藏联网工程最后的结算标准：“国道”按1.74元/立方米·千米计算运输单价，“山道”在1.74元/立方米·千米的基础上，由当地交通部门统一规定加50%计算运价。

五、场外运输损耗及采购保管费对石价格的影响

场外运输损耗是指材料在正常运输过程中发生的损耗，这部分损耗应摊入材料单价内。可参考的材料场外运输损耗率见表2-8。

但川藏联网工程沿线条件艰苦，其场外运输损耗率较表2-8还应适当调高。各施工包地材的运输在崇山峻岭中进行，山路崎岖，车辆管制，车载量受到限制，10吨/车的单车运量，在川藏高海拔情况下，会被限制到5吨/车；行驶速度缓慢，运输周期长，不少施工包一天一辆车只能往返运输砂石一趟，运输车辆机械降效严重；车辆折旧损耗大，耗油量均远大于正常情况，且当地油价偏高，往返县城加油，更加大了油耗；不少砂石厂（场）存在虚方、含泥量较多的现象。上述因素均可反映到场外运输损耗中。川藏联网工程的地材价格数据中，没有明确这部分费用占价格构成的具体比重，实际体现在运杂费单价中，场外运输损耗也成为导致砂石运杂费单价居高的原因。

材料采购及保管费，以材料的原价加运杂费及场外运输损耗的合计数为基数，乘以采购保管费率计算。各行各业、各省规定的采购及保管费率是不同的，一般为2.5%左右。但特殊地区，人烟稀少、地域有限，势必给采购及保管增大难度，按照正常环境下的采购及保管费率计取的费用难免会低于实际的材料采购及保管费。

因此，特殊地区材料场外运输损耗及材料采购及保管费仍然会导致材料价格的攀升。

第四节　地材价格（砂）的分析

一、砂价格的调研数据

川藏联网工程20个施工包的砂价格数据见川藏联网工程地材价格（中砂）调研（见表3-9）。砂的采购地点、采购价格、平均大运距离、运输路况、各标段到小运起运点价格等信息都反映在了调研表中。

从调研表中可以看出，虽然施工区域均在川藏交界地段，但各施工包的砂石价格彼此差异较大，并且与同期的西藏昌都地区砂、石信息价（见表3-2）及四川临近地区砂、石信息价（见表3-3）相比，均明显偏高。

因此，根据收集到的价格数据，分别对砂的采购价、运杂费、场外运输损耗、采购管理费及最终的各标段到小运起运点价格（即材料价格）进行因素分析，确定各价格构成因素对砂的价格的影响程度。

二、原价对砂价格的影响

根据采办来源方式的不同，砂的来源可分为地方性采购、外购、自采三种，因此，砂的原价需要区分其采办来源方式。

（一）地方性采购

砂的资源分布如表3-10所示。砂的采购按照就近原则进行。砂的采买首选地方性采购，符合其地材的性质。项目建设沿线的砂资源分布是实现合理采买的前提条件。

表 3-9　川藏联网工程地材价格（中砂）调研

包号	包名称	施工单位	中砂（立方米）				
			购买地点	采购价格（元）	到小运起运点运距（千米）	运输道路情况	各标段到小运起运点均价（元）
包 1	巴塘变电站	四川电力送变电建设公司	巴塘县茶树山砂厂	70	30	13（国道）/17（山路）	243.5
包 2	昌都变电站	黑龙江省送变电工程公司	昌都县金河砂石厂	80	20	国道	130
包 3	邦达变电站	湖北省送变电工程公司	八宿县益青乡砂石厂	100	30	较差	160
包 4	玉龙变电站	湖南省送变电工程公司	江达县罗曲砂石厂		45	进出路翻越雪集拉山，路况差	230
包 5	乡城—巴塘送电线路（乡城—热打乡）	四川蜀能电力有限公司	乡城县砂石厂	100	40	乡城县（S217）→热打乡海拔高度2900~3800米，当地县道，秋冬季节部分路段有暗冰，常年个别路段有垮方现象	172.3
包 6	乡城—巴塘送电线路（热打乡—果多西）	四川蜀能电力有限公司	乡城县砂石厂	100	125	砂石厂乡城县（S217）→热打乡材料站→正斗乡道路海拔高度2900~3800米，当地县道，秋季部分路段有暗冰，常年个别路段有垮方现象;正斗乡→正斗乡材料站海拔高度为3800~4100米，地方乡村道路，道路十分崎岖，全为土路，车辆勉强能通行，遇雨雪天气无法使用，草原道路通行困难，遇雨天出现大量水坑车辆无法通行，需进行维修才能通行	297.2

续表

包号	包名称	施工单位	中砂（立方米）				
			购买地点	采购价格（元）	到小运起运点运距（千米）	运输道路情况	各标段到小运起运点均价（元）
包 7	乡城—巴塘送电线路（果多西—王大龙）	吉林省送变电工程公司	巴塘县巴楚河砂石场	70	150	主要依靠 XV09 县道完成，山路急弯多、道路高低不平、路面狭窄，道路大部分地段均处于金沙江边和悬崖边，极为艰险	390
包 8	乡城—巴塘送电线路（王大龙—角白西）	江西省送变电建设公司	巴塘县金河砂石场	70	68	318、214 国道	307
包 9	乡城—巴塘送电线路（角白西—巴塘—竹巴龙）	四川电力送变电建设公司	巴塘县巴楚河沙场	60	40	国道、机耕道各占 50%	220
包 10	巴塘—昌都送电线路（竹巴龙—加色顶）	湖南省送变电工程公司	318 国道巴塘往芒康方向约 9 千米处砂石厂芒康县竹巴龙乡境内	67	公路40千米+机耕山路30千米	40 千米平路，30 千米机耕山路，山高路陡弯急，路况很差	227
			318 国道巴塘往芒康方向约 9 千米处砂石厂	67	公路83千米+机耕山路12千米	83 千米平路，12 千米机耕山路，山高路陡弯急，路况很差	295

续表

包号	包名称	施工单位	中砂（立方米）				
			购买地点	采购价格（元）	到小运起运点运距（千米）	运输道路情况	各标段到小运起运点均价（元）
包 11	巴塘—昌都送电线路（加色顶—脱果洛）	山西省电力公司送变电工程公司	芒康县洛尼乡砂厂（四川省圣泽建设集团有限公司）	120	30	察芒公路，路况差	170
			芒康县措瓦乡砂厂（四川浩宇电力安装工程有限公司）	125	45		225
包 12	巴塘—昌都送电线路（脱果洛—措瓦乡）	河南送变电工程公司	措瓦乡砂厂	160	30~50	县道、乡道，路况极差	350
包 13	巴塘—昌都送电线路（措瓦乡—前进）	甘肃送变电工程公司	察雅县阿孜乡河道	310	25	村道	740
			芒康县措瓦乡河道	360	30	村道	880
包 14	巴塘—昌都送电线路（前进—额日瓦）	国网西藏电力建设有限公司	察雅县香堆镇达巴村自建料场	190	25	察芒公路，路况差	515
包 15	巴塘—昌都送电线路（额日瓦—荣周乡）	国网西藏电力建设有限公司	察雅县荣周乡荣周砂场	87	30	国道、县道、机耕道	387

续表

包号	包名称	施工单位	中砂（立方米）				
			购买地点	采购价格（元）	到小运起运点运距（千米）	运输道路情况	各标段到小运起运点均价（元）
包16	巴塘—昌都送电线路（荣周乡—扎木昆—昌都）	青海送变电工程公司	金河砂石厂	90	65		155
包17	邦达—昌都送电线路	青海送变电工程公司	察雅县金河砂石场	90	29	已停用的老214国道，塌方严重，路面大面积损坏，间断性的出现山体滑坡，要定期进行路面清理和维护	155
			察雅县吉塘砂石场	140	23	214国道，路况差、受冰雪灾害严重	300
			八宿县邦达砂石场	160	44	214国道，路况差、受冰雪灾害严重	240
包18	昌都—玉龙送电线路（昌都—日通乡）	国网山西供电工程承装公司	昌都县砂石厂	60	27	317、214国道路况差	164
包19	昌都—玉龙送电线路（日通乡—妥坝乡）	华东送变电工程公司	昌都县果多电站砂石场	110	30	317国道，乡村土路	160
包20	昌都—玉龙送电线路（妥坝乡—玉龙）	陕西送变电工程公司	聚宝砂场	100	50	国道、县道、机耕道	200
			玉龙铜矿	100	20	国道、县道、机耕道	180
			洛曲砂场	100	50	国道、县道、机耕道	220

表 3–10　川藏联网工程砂的资源分布

分包号	①	②	③	④	⑤	⑥	⑦	⑧
运输距离（千米）	30	25	52	49	58	124	140	85
分包号	⑨	⑩	⑪	⑫	⑬	⑭	⑮	⑯
运输距离（千米）	50	78.3	25	30	25	20	45	15
分包号	⑰	⑱	⑲	⑳				
运输距离（千米）	53.07	65	54.63					

表 3–10 是依据每个施工包的采购距离确定的资源分布。实际上，还应考虑细骨料粒径划分标准（见表 3–11）以及设计施工对砂的要求进行更细化的资源分布采集。

表 3–11　细骨料（砂）的质量要求

项目	指标	备注
天然砂中含泥量（%） 其中黏土含量（%）	<3 <1	（1）含泥量是指粒径小于 0.08 毫米的细屑、淤泥和黏土的总量 （2）不应含黏土团粒
人工砂的石粉含量（%）	6~12	系指小于 0.15 毫米的颗粒
坚固性（%）	<10	系指硫酸钠溶液法 5 次循环后的损失量
云母含量（%）	<2	—
轻物质含量（%）	<1	比重小于 2.0 克 / 立方厘米
密度（克 / 立方厘米）	>2.5	—
硫化物及硫盐含量（%）	<1	按重量计（折算成 SO_3）
有机质含量（%）	浅于标准色	如深于标准色，应配成砂浆进行强度对比试验

根据川藏联网工程地材价格（中砂）调研（见表 3–9），各施工包砂的采购价格差异较大，最低 60 元 / 立方米，最高 360 元 / 立方米，大多分布在 70~100 元 / 立方米。差异的原因仍然是：资源稀缺和砂场（厂）的良莠不齐。

（二）外购

根据川藏联网工程地材价格（中砂）调研表（见表 3–9），进行砂的采购价与各标段到小运起运点均价（即材料价格）的分析。砂的采购价与材料价格关联分析如图 3–33 所示。从关联图中可以清晰地发现：采购价与材料价格的变化幅度基本一致，即采购价的高低会自然影响到最终材料价格的高低。川藏联网工程各施工包采购价偏高，自然最终的材料价格就受到了偏高的影响。运杂费对材料价格的影响的结论也与前文中“石”的分析相同。

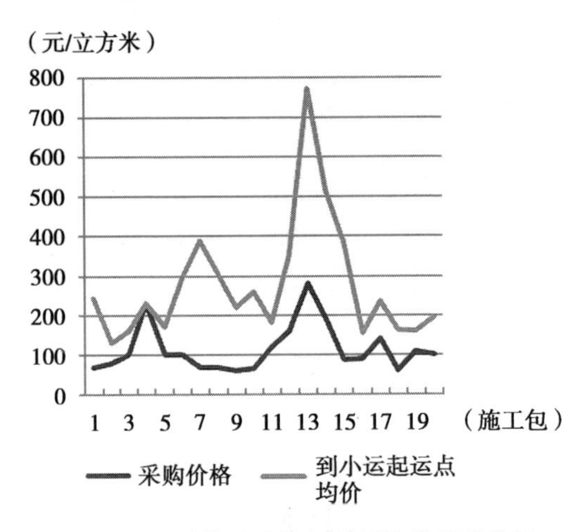

图 3–33　砂的采购价与材料价格关联分析

（三）自采

砂的自采同样有一套完整的加工流程。

（1）骨料的破碎：使用破碎机械碎石，常用的设备有颚板式、锥式、反击式碎石机。

（2）骨料的筛分：为了分级，需将采集的天然毛料或破碎后的混合料筛分，分级的方法有水力筛分和机械筛分两种。大规模的筛分多用机械筛分，有偏心振动和惯性振动两种。

（3）制砂：用沉砂箱承纳分流后的污水砂浆，经初洗后再送入洗砂机清洗。人工砂采用棒磨机加工。大规模的骨料加工厂，常将加工机械设备按工艺流程（破碎、筛选、冲洗、运输和堆放）布置成骨料加工工厂。其中，以筛分作业为主的加工厂称筛分楼如图 3–34 所示。

（4）堆砂：为了适应项目建设混凝土需求的不均匀性，可利用堆场储备一定数量的砂，以解决砂的供求矛盾。砂储量的多少，主要取决于生产强度和管理水平，通常可按高峰时段月平均值的 50%~80% 储备。汛期、冰冻期停采时，需按停采期砂需用量 20% 的裕度考虑。堆料场型式与地形条件、堆料设备、进出料方式有关。常用的型式有台阶式、栈桥式、土堤式。双悬臂式堆料机如图 3–35 所示，侧式悬臂堆料机如图 3–36 所示。

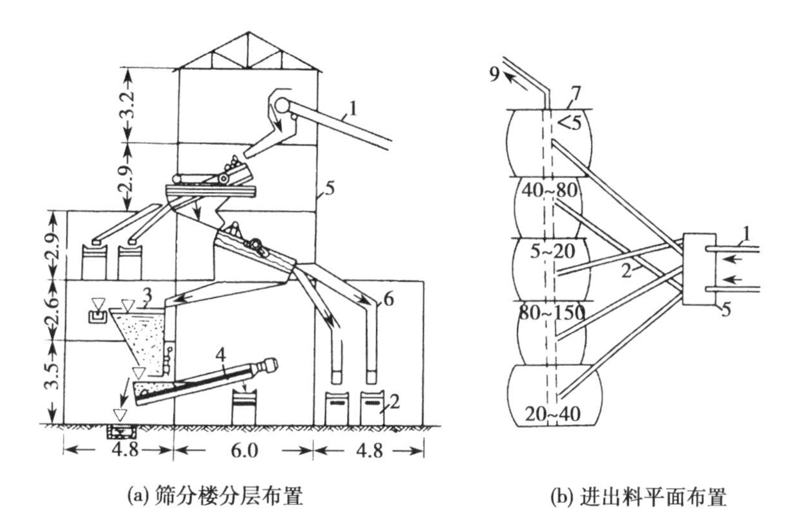

图 3-34　筛分楼布置示意图（尺寸：米；粒径：毫米）

注：1—进料皮带机；2—出料皮带机；3—沉砂箱；4—洗砂机；5—筛分楼；6—溜槽；7—隔墙。

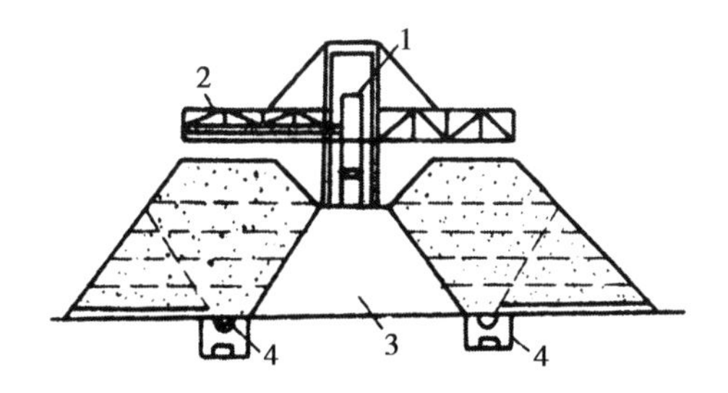

图 3-35　双悬臂式堆料机

注：1—进料皮带机；2—可两侧移动的梭式皮带机；3—路堤；4—出料皮带机廊道。

图 3-36　侧式悬臂堆料机

上述加工流程都会反映到自采材料的原价中，详细的分析见第四章。

三、其余费用对砂价格的影响

其余费用指运杂费、场外运输损耗及采购保管费。

（一）运距对运杂费的影响

巴塘县砂的运距与采购价比重趋势变化如图 3-37 所示。乡城县、芒康县的砂价格数据均反映出上述相似的变化趋势。与石价格的调研数据反映出的结论一致：运杂费的计算对材料价格的影响是非常重要的，甚至比采购价的影响更大。当地材由于当地资源和生产供应量不能满足工程需要而转为远距离采购时，运距的大幅度增长，势必导致运输成本的增加，运杂费成为影响材料价格高低的决定性因素。

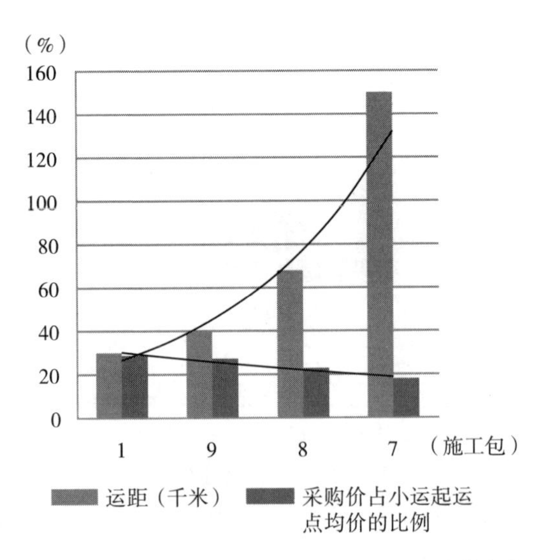

图 3-37 巴塘县砂的运距与采购价比重趋势变化

（二）运输环境对材料运杂费的影响

运距还不是决定运杂费高低的唯一因素。察雅县砂的运距与采购价比重趋势变化如图 3-38 所示，运距线性增长，采购价占小运起运点均价的比例却是抛物线的变化轨迹，而非图 3-37 的变化趋势。这说明，排除采购价的影响（采购价差别不大的情况下），川藏交界地带砂石的运杂费并非始终随着运距的增加线性增加，也有例外。

在砂的运距与运费散点分析中（见图 3-39），砂的运距与运费变化趋势基本一致，运距的增加势必导致材料运费的增长。在增长趋势一致的情况下，运距 30~40 千米范围内，运费的离散现象却很明显。这说明运杂费不仅受运距的影响，还受其他因素的影响。

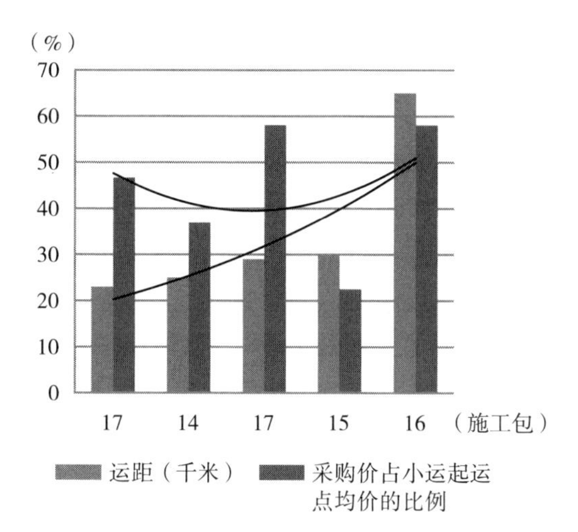

图 3-38　察雅县砂的运距与采购价比重趋势变化

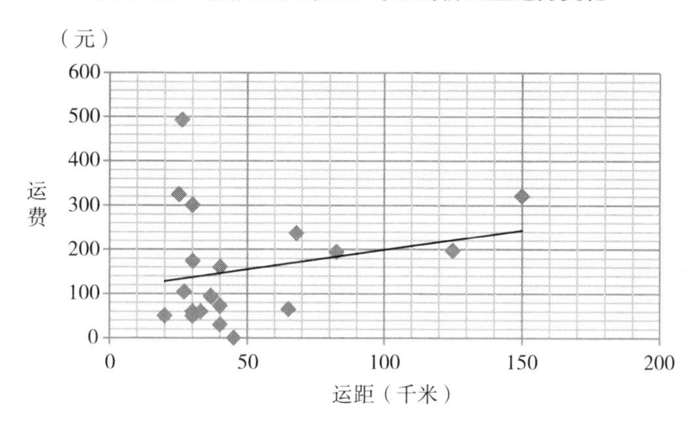

图 3-39　砂的运距与运费散点分析

砂的运杂费数据分析结论与石的运杂费数据分析完全一致。

（三）场外运输损耗及采购保管费

该费用对价格的影响，砂的分析完全与石一致，此处不再赘述。

第五节　地材价格（水泥）的分析

一、水泥价格的调研数据

川藏联网工程 20 个施工包的水泥价格数据见川藏联网工程地材价格（水泥）调研，如表 3-12 所示。水泥的价格仍受材料原价、运杂费、场外运输损耗、采购及保管费等因素的影响。

表 3-12　川藏联网工程地材价格（水泥）调研表

包号	包名称	施工单位	325R 水泥（吨）					425R 水泥（吨）				
			购买地点	采购价格（元）	到小运起运点运距（千米）	运输道路情况	各标段到小运起运点均价（元）	购买地点	采购价格（元）	到小运起运点运距（千米）	运输道路情况	各标段到小运起运点均价（元）
包 1	巴塘变电站	四川电力送变电建设公司						华新水泥（迪庆）有限公司	袋装：430 罐装: 390	597	580（国省、县道）/17（山路）	袋装：1146.4 罐装: 845
包 2	昌都变电站	黑龙江省送变电工程公司	云南省丽江市华润水泥鹤庆有限责任公司	510	1200	国道 214、察芒公路，路况差	1230	云南省丽江市华润水泥鹤庆有限责任公司	510	1200	国道 214、察芒公路，路况差	1230
包 3	邦达变电站	湖北省送变电工程公司	云南省丽江市拉法基瑞安（剑川）水泥有限公司	350	1300	国道 214，路况差	1110	云南省丽江市拉法基瑞安（剑川）水泥有限公司	450	1300	国道 214，路况差	1210
包 4	玉龙 220 千伏变电站	湖南省送变电工程公司	四川省成都市峨胜水泥有限责任公司		1260	国道 317、318，路况差	1330	四川省成都市峨胜水泥有限责任公司		1260	国道 317、318，路况差	1360
包 5	乡城—巴塘 500 千伏送电线路（乡城—热打乡）	四川蜀能电力有限公司						华新水泥（迪庆）有限公司	460	310	从迪庆华新水泥厂经德荣县、热打乡到乡城材料站全程约 315 千米，均为县道，常年个别路段有塌方现象，条件一般	760

续表

包号	包名称	施工单位	325R 水泥（吨）					425R 水泥（吨）				
			购买地点	采购价格（元）	到小运起运点运距（千米）	运输道路情况	各标段到小运起运点均价（元）	购买地点	采购价格（元）	到小运起运点运距（千米）	运输道路情况	各标段到小运起运点均价（元）
包 6	乡城—巴塘 501 千伏送电线路（乡城—果多西）	四川蜀能电力有限公司						华新水泥（迪庆）有限公司	460	270	从迪庆华新水泥厂经德荣县、正斗乡草原材料站全程约 320 千米，其中县道 275 千米，山村道路 30 千米，草原 15 千米。山路较为困难，总体运输条件一般	760
包 7	西藏昌都电网与四川电网联网输变电工程包 7 乡城—巴塘 500 千伏送电线路（果多西—王大龙）工程	吉林省送变电工程公司						云南省大理自治州剑川县拉法基瑞安（剑川）水泥有限公司	420	420	国道 318、XV09 县道；县道具有急弯多、道路高低不平、路面狭窄等特点，运输条件较差	920

续表

包号	包名称	施工单位	325R 水泥（吨）					425R 水泥（吨）				
			购买地点	采购价格（元）	到小运起运点运距（千米）	运输道路情况	各标段到小运起运点均价（元）	购买地点	采购价格（元）	到小运起运点运距（千米）	运输道路情况	各标段到小运起运点均价（元）
包 8	乡城—巴塘 500 千伏送电线路（王大龙与角白西）工程	江西省送变电建设公司						云南省丽江市华润水泥鹤庆有限责任公司	420	560	国道 318、214，路况差	960
包 9	输变电工程	四川电力送变电建设公司		370	580	国道 100%	1066	华新	430	580	国道 100%	1126
包 10	巴塘—昌都 500 千伏线路工程（竹巴龙—加色顶）	湖南省送变电工程公司						四川天全县川源钢材经营部	385	700	沿线路况差，时常发生塌方堵车情况	1085
包 11	巴塘变—昌都变 500 千伏输电线路工程（加色顶—脱果洛）	国网山西送变电工程公司						天全县川源钢材经营部	360	860	国道 318、察芒公路，路况差	500

续表

包号	包名称	施工单位	325R 水泥（吨）					425R 水泥（吨）				
			购买地点	采购价格（元）	到小运起运点运距（千米）	运输道路情况	各标段到小运起运点均价（元）	购买地点	采购价格（元）	到小运起运点运距（千米）	运输道路情况	各标段到小运起运点均价（元）
包 12	西藏昌都电网与四川电网联网输变电工程	河南送变电工程公司						四川雅安西南水泥有限公司	345	700	川藏国道 318，路况较差	955
包 13	巴塘—昌都 500 千伏线路(措瓦乡—前进)	甘肃送变电工程公司						云南省迪庆藏族自治州香格里拉县上江乡木高村（华新水泥厂）	410	580	国道 214、乡道、村道	1719.6
包 14	巴塘—昌都送电线路（前进—额日瓦）	国网西藏电力建设有限公司						四川峨胜水泥集团股份有限公司	305	1090	国道 214、察芒公路	1860
包 15	巴塘—昌都送电线路（额日瓦—荣周乡）	国网西藏电力建设有限公司						四川峨眉	235	1385	国道 214、察芒公路	1620
包 16								互助县金圆水厂	1125	1183		1125

续表

包号	包名称	施工单位	325R 水泥（吨）					425R 水泥（吨）				
			购买地点	采购价格（元）	到小运起运点运距（千米）	运输道路情况	各标段到小运起运点均价（元）	购买地点	采购价格（元）	到小运起运点运距（千米）	运输道路情况	各标段到小运起运点均价（元）
包 17	邦达—昌都 220 千伏线路工程	青海送变电工程公司						青海互助金圆水泥厂	420	1383	青海互助—玉树—中心材料站做 214 国道路沿途海拔高、冰雪路面多，路况差	1125
包 18		国网山西供电工程承装公司						天全县祥云经贸部（峨眉山市峨胜厂）	345	1200	国道 317、318，路况差	1150
包 19	日通乡—妥坝乡 220 千伏线路工程	华东送变电工程公司						甘孜藏族自治州泸定桥水泥有限公司	410	1200	国道 317、省道、县道、乡村土路	1260
包 20	输变电工程	陕西送变电工程公司						四川省天全县喇叭河水泥厂	370	990	国道 317，路况一般	710
								青海省西宁市湟中县祁连山水泥有限公司	370	1700	国道 214，路况差	940

二、原价对水泥价格的影响

根据采办来源方式的不同，水泥的来源可分为地方性采购、外购两种，因此，水泥的原价需要区分其采办来源方式。分析川藏联网工程地材价格（水泥）调研表及水泥的资源分布（见表 3-13），可以发现：由于多数施工包所在地不能提供水泥，大多在成都采购，因此，370~460 元 / 立方米的材料采购价与四川信息价是接近的。由于采购方式唯一，原价对于水泥价格的影响其实并不大。

但是，最终各施工包的水泥价格差异却很大，最低 235 元 / 立方米，最高 1125 元 / 立方米，大多分布在 370~460 元 / 立方米。即：影响水泥价格差距的主要是其他费用。

表 3-13　川藏联网工程水泥的资源分布

分包号	①	②	③	④	⑤	⑥	⑦	⑧
运输距离（千米）	597	1203	1300.5	1445	327	280	440	560
分包号	⑨	⑩	⑪	⑫	⑬	⑭	⑮	⑯
运输距离（千米）	580	777.8	995	761	572	1428	1120	1120
分包号	⑰	⑱	⑲	⑳				
运输距离（千米）	1383	1400	1216.6	1310				

水泥采购价与材料价格的关联分析如图 3-40 所示。

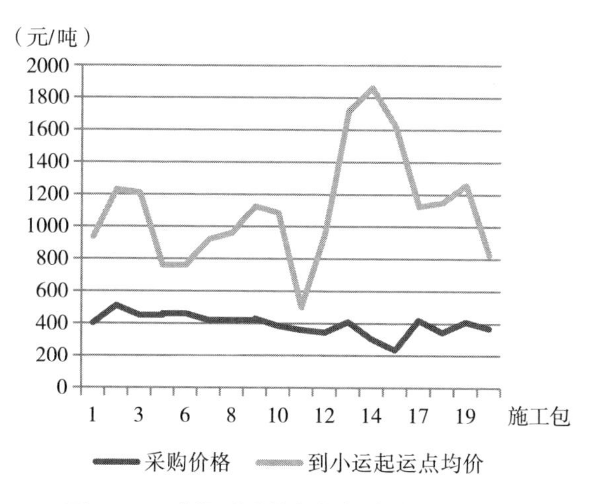

图 3-40　水泥采购价与材料价格关联分析

水泥采购价与材料价格的变化趋势不如砂石的变化趋势那么明显。砂石采购价的高低会自然影响到最终材料价格的高低。施工包采购价偏高，自然最终的材料价格就受到了偏高的影响。但是，水泥采购价与材料价格的关联性没有那么明显。在采购价变化接近的情况下，到小运起运点均价却起伏变化。因此，影响水泥价格最主要的因素不是采购价。这再次说明：川藏联网工程水泥均为外购，采购价相差不大。

三、运杂费对水泥价格的影响

川藏联网工程地材价格（水泥）调研如表 3-12 所示，运距与小运起运点均价的变化趋势非常接近。随着运距的增长，小运起运点均价也在增长。水泥运距与材料价格趋势变化如图 3-41 所示。水泥原本属于地方性材料，当资源匮乏和分布稀缺时，工程建设所需水泥只能远距离外购，运杂费成为材料价格差异性的主导因素。

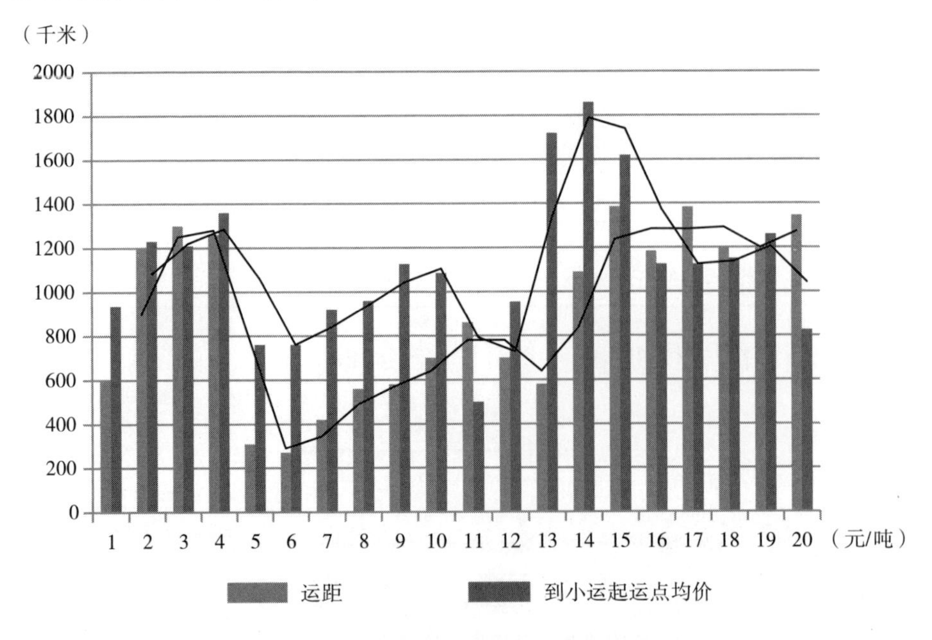

图 3-41 水泥运距与材料价格趋势变化

根据调研情况，巴塘县只生产工程建设所需的砂、石材料。巴塘县施工包外购的水泥出厂价与市场信息价基本一致，但由于地理环境、道路运输等情况，汽车运输费用极高，实际材料到货价远远高于信息价。如位于甘孜州巴塘县夏邛镇崩扎村和河西村的施工包 1 巴塘 500 千伏变电站，水泥最近的供货地点为云南迪庆华新水泥，运输路线（香格里拉—巴塘）距离为 597 千

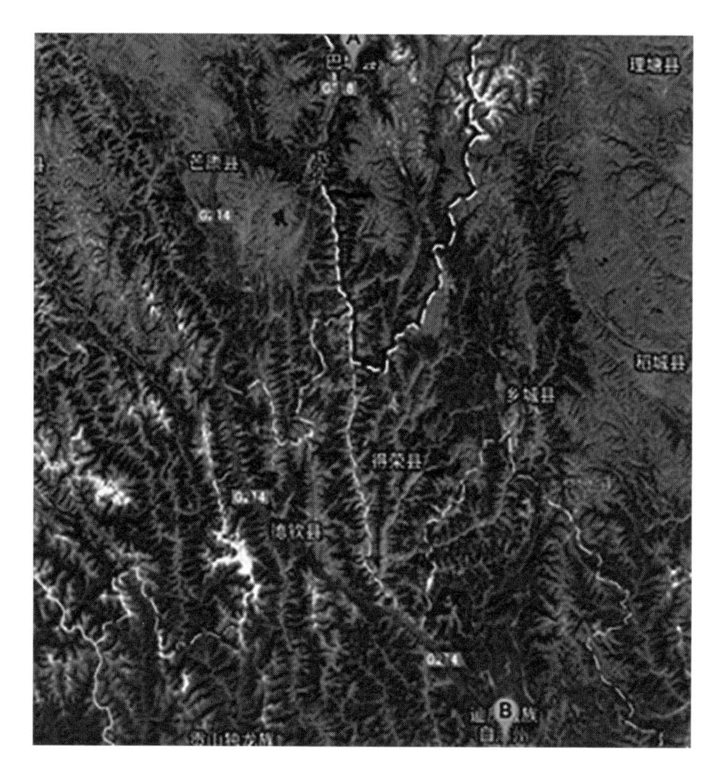

图 3-42　香格里拉—巴塘公路运输路径示意

米：580 千米国道（见图 3-42），17 千米进站道路，如图 3-20、图 3-21 所示。

位于江达县青泥洞乡巴纳行政村的施工包 4 玉龙 220 千伏变电站新建工程，当地没有质量较好的大水泥厂，水泥从成都采购，具体运输路径如图 3-43 所示。就运输距离而言，四川比云南短，运输路线较安全，到货时间相对较快；再综合考虑水泥品牌、价格等因素，最终水泥采购点为四川省隆昌展图建材经营部，位于四川成都，距工地 1260 千米。其中，高速公路 100 千米，其余大部分为山岭重丘二级公路，混凝土路面及沥青路面，还有部分地区为机耕道土路。

昌都地区只生产 32.5R 的水泥，标号达不到设计要求。从四川成都采购沿途要经过川藏公路，路险、难行，路面受雨雪天气影响较大，并且靠近巴塘变侧的多家标段的施工单位均从四川订购水泥，为了防止出现施工高峰期水泥供不应求和雨雪天气造成川藏公路封路等不可预见的客观因素，而影响施工进度。包 17 邦达—昌都 220 千伏线路工程水泥由公司统一从青海西宁采购，运输全部采用汽车运输，运距 1383 千米。运输路线从青海西宁出发沿 214 国道到达中心材料站。214 国道从青海西宁—青

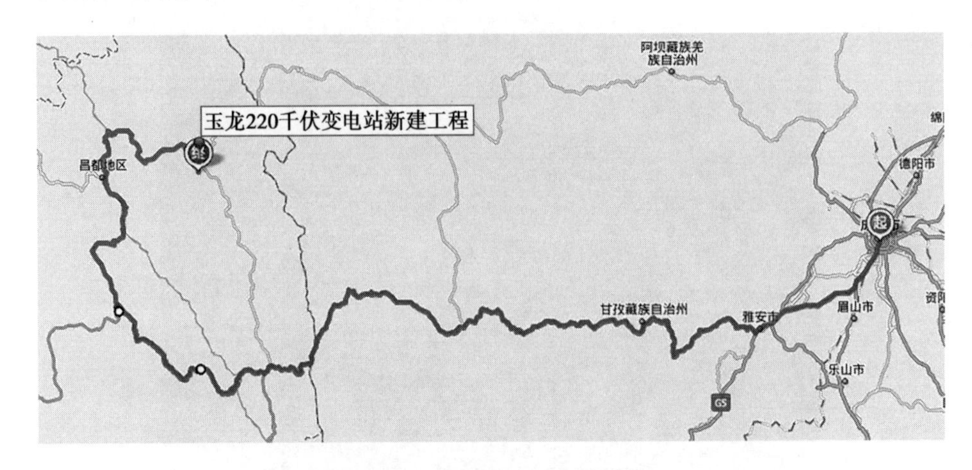

图 3-43　包 4 的水泥运输路线

海玛多路况较好，但是要翻越诸多大山，沿途平均海拔在 3500 米左右，但从玛多—西藏昌都沿途海拔均在 4300 米以上，全部位于高海拔、高山地区，要翻越巴颜喀拉山，并且大部分路段处于修建期间，路况特别差，70% 的路面只能容单车通行，特别在翻越长达 40 千米的类乌齐山脉（见图 3-24）时，该路段全部为土路，路面宽度只有 3 米，全部为盘山路，弯急路险，错车困难，路面坡度较大，连续上下坡距离长，车辆行驶难度特别大，车辆载重情况下翻越该类乌齐山需要 5~6 小时。

包 1、包 4、包 17 的运输距离在川藏联网工程各施工包具有代表性。当地不生产或没有满足要求的水泥生产厂，水泥远距离外购，长距离的运输导致水泥运输成本增加，运杂费大幅度提高。

运距还不是决定运杂费高低的唯一因素。水泥的运距与运费散点分析如

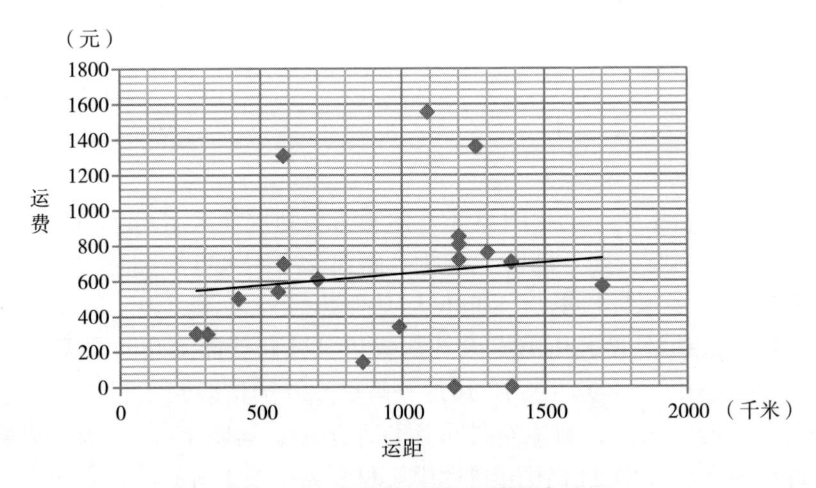

图 3-44　水泥的运距与运费散点分析

图 3-44 所示，水泥的运距与运费变化趋势基本一致，运距的增加势必导致材料运费的增长。在增长趋势一致的情况下，运距 500 千米、1200~1300 千米范围内，运费的离散现象却很明显。通过现场调研不难发现：运距固然是运费高低的重要影响因素，在川藏联网交界地段，运输方式以及运输的难易程度（环境、气候、运输路况等）导致的单位运价的差异更是一个不容忽视的运费决定因素。这与砂石的材料运杂费分析是一致的。

四、场外运输损耗及采购保管费对水泥价格的影响

水泥在正常的运输过程中发生的损耗可参考材料场外运输损耗率见表 2-8。但川藏联网工程水泥远距离外购，运输条件艰苦，人烟稀少、地域有限，非一般正常施工环境。材料采购及保管费也有特殊性。比如，乡城—巴塘送电线路（角白西—巴塘—竹巴龙）施工包 9 水泥运杂费实际构成为：运输至巴塘距离 580 千米，运费 580 × 1.2 元 / 吨 · 千米 =696 元 / 吨，巴塘至材料站运费 72 元 / 吨（单独运输协议），装卸人工费 50 元 / 吨，周转库房房屋租赁 36000/ 月（共租赁 10 个月），库房看守人员工资 3000 元 / 月（共 2 名人员，10 个月），房屋租赁和库房看守人员工资共计 40 元 / 吨，因此构成水泥运杂费 =696+72+50+40=858 元 / 吨。

第四章　川西地区地材价格确定机制分析

在对川藏联网工程中石、砂、水泥三种地材的价格构成及影响分别进行了分析后，将场景切换至川西乡村振兴“生态宜居”项目，在施工环境和资源条件非常相似的情况下，探讨地材采购路径的选择及相应的地材价格确定机制。

首先梳理三个计算实例（其余各施工包的计算实例整理见附录），然后在第三章定性分析和本章实例演示、定量分析的基础上，确定川西地区地材价格的确定机制，最后给出价格确定政策建议及价格确定机制的应用示例。

第一节　典型砂石价格的计算分析

一、包 4 的计算分析

包 4 变电站砂石的采购地点为罗曲砂场，位于江达县卡贡乡，距玉龙变工地 49 千米。

（1）出场价为 230 元 / 立方米（不含税、不含小运及运输损耗等费用）。

（2）装车量损耗为 23 元 / 立方米。根据江达县人民政府协调，砂石计量方式核定为装载机每斗装满为 3 立方米，但在实际操作过程中，当地运输队不允许装载机满载（见图 4–1），且卸完后斗内仍会剩余大量砂石，因此，每

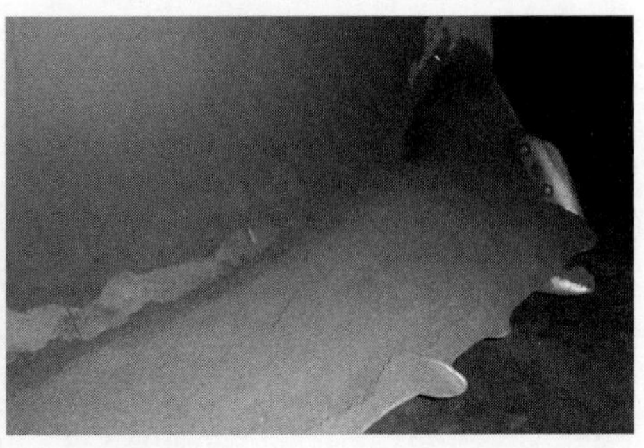

图 4–1　装载机斗容量示意

立方米砂石的损耗率达到 10% 以上，故每立方米损耗 23 元。

（3）运输损耗为 11.5 元 / 立方米。当地运输队装货发车的要求：满载且堆积成山（见图 4–2）。由于路途较为颠簸，从砂石厂运送到工地后损耗达到 5%，故每立方米损耗 11.5 元。

图 4–2　运输队装货发车要求

（4）转运费用 12 元 / 立方米。由于满载的货车容易陷入泥潭而抛锚，故运输车辆一般将砂石卸在工地外边 501 省道旁，由项目部进行二次转运（见图 4–3），转运费用为 12 元 / 立方米。

图 4–3　砂石的转运

（5）清洗费用为 6 元 / 立方米。当地砂石的含泥量过高（见图 4–4），清洗砂石产生的费用为 6 元 / 立方米。

图 4–4 当地砂石的含泥量情况

（6）税金 =（230+23+11.5+12+6）× 3.96%=11（元 / 立方米）。

砂石价格 =230+23+11.5+12+6+11=293.5（元 / 立方米）。

对实例中的数据进行进一步的分析。

（一）相关比重

原价占价格的比重为：230 ÷ 293.5×100%=78.36%；其余费用（运杂费、场外运输损耗及采购保管费）占价格的比重为 21.64%。在川藏联网工程中，78.36% 原价的影响主要来源于采购方式。21.64% 其余费用的影响主要来源于地域的特殊性。

（二）采购方式对原价的影响

原本地材的属性决定了其采购方式就是地方性采购（就近购买）。但由于资源的稀缺，川藏联网工程不少施工包不得不在外购和自采这两种采购方式中抉择。而不同的选择就意味着原价的差异。

（三）地域的特殊性对原价的影响

在玉龙 220 千伏变电站新建工程，特殊性产生的材料成本费用有：装车量损耗、运输损耗、转运费用、清洗费用。其中，装车量损耗和转运费用是川藏联网工程特有的；运输损耗和清洗费用虽然不是特有的，但比普通环境高出许多。

二、包 9 的计算分析

包 9 新建线路工程的概况如下：

（1）乡城—巴塘。起于巴塘县苏哇龙乡，跨越金沙江后进入对岸西藏昌都地区芒康县索多西乡走线，经过约26千米到达距金沙江大桥约2千米处，再次跨越金沙江后进入四川省巴塘县竹巴龙乡后，沿国道318线旁高山峻岭山巅走线约21千米，后跨越巴楚河后进入巴塘500千伏变电站。

（2）巴塘—昌都。经巴塘变电站出线后约3千米，跨越金沙江进入西藏昌都地区芒康县竹巴龙乡，约走线3千米后，再次跨越金沙江沿国道318线旁高山峻岭山脊走线约21千米后，再次跨越金沙江后进入西藏地区芒康县境内的索多西乡约1千米止。

两段线路累计长度约87千米，全线路均为同塔双回路架设。该段主要涉及铁塔163基，基础浇制方量约30000立方米，护壁量约6000立方米。

主要车辆运输道路为国道318线和巴塘县到得荣县的县道。材料的小运90%均需通过索道的架设运输方能到达塔位。

材料供应比选如下：

（一）水泥

通过对几家水泥供应商进行调研，选取离施工现场最近的2家水泥供应商做对比，其材料出厂价、运杂费（含人工装卸费）、运输距离、材料到货价格、材料保管费等情况如表4-1所示。

表4-1　包9水泥供应商信息对比

供货商	品牌	规格型号	出厂价（元/吨）	运杂费（含装卸费，元/吨）	运输距离（千米）	材料到货价格（元/吨）	材料保管费（元/吨）	备注
A	华新	42.5R	430	818	580	1248	40	选定供货商
B	华新	42.5R	430	927.2	671	1357.2	40	—

供货商A：

（1）出厂价为430元/吨（不含税、不含运杂费等）。

（2）运杂费为818元/吨。①运输至巴塘距离580千米，运费=580千米×1.2元/吨·千米=696元/吨；②巴塘至材料站运费=72元/吨（单独运输协议）；③装卸人工费=50元/吨。因此，运杂费=696+72+50=818元/吨。

（3）材料保管费为40元/吨。包括周转库房房屋租赁36000元/月×10月，库管看守人员工资3000元/月/人×10月×2人，折合后为40元/吨。

最终，水泥价格=430+818+40=1288元/吨。

供货商 B：

（1）出厂价为 430 元 / 吨（不含税、不含运杂费）。

（2）运杂费为 927.2 元 / 吨。运输至巴塘距离 671 千米，运费 =671 千米 × 1.2 元 / 吨 · 千米 =805.2 元 / 吨，巴塘至材料站运费、装卸人工费与供货商 A 相同。因此，运杂费 =805.2+72+50=927.2 元 / 吨。

（3）材料保管费为 40 元 / 吨。与供货商 A 相同。

最终，水泥价格 =430+927.2+40=1397.2 元 / 吨。

所调研的 2 家水泥供货商的水泥质量均合格，出厂价格、运输单价、装卸人工费、材料保管费等基本相同。其中供货商 A 的运输距离为 580 米，供货商 B 由于地震后有 90 吨水泥绕道 91 千米，因此实际运输距离为 671 千米。供货商 A 的运输距离较短，材料到货价格低，生产厂家规模较大，信誉度较好，能够满足该标段施工进度大厂水泥 42.5R 的需要，因此选择供货商 A 为公司年度供货商。

（二）砂

根据对砂材料供应商进行调研，选取离施工现场最近的 2 家材料供应商做比较，其材料出厂价、运杂费、运输距离、材料到货价格、材料质量等情况如表 4–2 所示。

表 4–2　包 9 砂供应商信息对比表

采购地点	供货商名称	规格型号	出厂价（元 / 立方米）	运杂费（元 / 立方米）	运输距离（千米）	材料到货价格（元 / 立方米）	质量简述	备注
巴塘县	A	中砂	60	160	40	220	合格	选定供应商
巴塘县	B	中砂	70	180	45	250	合格	—

供货商 A：

（1）出厂价为 60 元 / 立方米（不含税、不含运杂费）。

（2）运杂费为 160 元 / 立方米。西藏段 N133046 至 N134001 段砂石购买及运输合同中约定："运输大运（砂石厂起至 318 国道机耕道止）单价 1.74 元 / 立方米 · 千米，转运（318 国道旁至小运起运点）单价为 7 元 / 立方米 · 千米"，砂石大运平均距离 29 千米、转运平均距离 20 千米。汽车运输费用：（29 × 1.74+20 × 7）÷（29+20）=4 元 / 立方米 · 千米。四川段砂石由乙方负责运输，运输单价参照西藏段 4 元 / 立方米 · 千米，砂平均运输距离 40 千米。因此运杂费 =4 × 40=160 元 / 吨。

最终，砂到货价格 =60+160=220 元 / 立方米。

供货商 B：

（1）出厂价为 70 元 / 立方米（不含税、不含运杂费）。

（2）运杂费为 250 元 / 立方米。运输单价仍参照西藏段 4 元 / 立方米 · 千米，砂石平均运输距离 45 千米。因此运杂费 =4 × 45=180 元 / 吨。

最终，砂到货价格 =70+180=250 元 / 立方米。

所调研的 2 家砂石厂的中砂质量均合格，运输单价参照西藏段也相同。其中供货商 A 的出厂价格较低，运输距离更短，生产厂家规模较大，信誉度较好，能够满足该标段施工进度砂石需要，因此将供货商 A 列为选定供货商。

（三）石

工程开工前，项目部、监理部沿线路一路选择石料购买场地，沿途有 A、B 两家石料供应商。根据调研，选取离施工现场最近的 2 家材料供应商做比较，其材料出厂价、运杂费、运输距离、材料到货价格、材料质量等情况如表 4–3 所示。

表 4–3 包 9 石供应商信息对比表

采购地点	供货商名称	规格型号	出厂价（元 / 立方米）	运杂费（元 / 立方米）	运输距离（千米）	材料到货价格（元 / 立方米）	质量简述	备注
巴塘县	A	石子	55	160	40	215	合格	选定供应商
巴塘县	B	石子	65	180	45	245	合格	—

供货商 A：

（1）出厂价为 55 元 / 立方米（不含税、不含运杂费）。

（2）运杂费为 160 元 / 立方米。西藏段 N133046 至 N134001 段砂石购买及运输合同中约定：“运输大运（砂石厂起至 318 国道机耕道止）单价 1.74 元 / 立方米 · 千米，转运（318 国道旁至小运起运点）单价为 7 元 / 立方米 · 千米”，砂石大运平均距离 29 千米、转运平均距离 20 千米。汽车运输费用：（29 × 1.74+20 × 7）÷（29+20）=4 元 / 立方米 · 千米。四川段砂石由乙方负责运输，运输单价参照西藏段 4 元 / 立方米 · 千米，石平均运输距离 40 千米。因此运杂费 =4 × 40=160 元 / 吨。

最终，石到货价格 =55+160=215 元 / 立方米。

供货商 B：

（1）出厂价为 65 元 / 立方米（不含税、不含运杂费）。

（2）运杂费为 180 元 / 立方米。运输单价仍参照西藏段 4 元 / 立方米 · 千米，砂石平均运输距离 45 千米。因此运杂费 =4 × 45=180 元 / 吨。

最终，石到货价格 =65+180=245 元 / 立方米。

经过对比，B 石场运输距离比 A 石场距离远，而且 A 石场的石料出厂单价较低，与施工现场距离较近，经过川藏联网指挥部的协调，价格也谈到合理价位，经检测材料质量能满足要求，因此决定在 A 石场采购石料。

三、包 14 的计算分析

包 14 是两条并行的单回路输变电工程，长度均为 35 千米，共有铁塔 121 基。线路起于前进止于额日瓦。材料供应比选如下：

（一）水泥

根据施工项目部对几家水泥供应商进行的调研，离施工现场最近的 3 家水泥供应商其产品质量、价格、汽车运输距离、运输单价、运输道路等情况如表 4–4 所示。

表 4–4　包 14 水泥供应商信息对比

采购地点	供应商名称	规格型号	材料到货价格（元 / 吨）	质量简述	备注
四川	A	42.5 级	1005	合格	选定供应商
拉萨	B	42.5 级	1700	合格	—
拉萨	C	42.5 级	1720	合格	—

所调研的 3 家水泥供应商的水泥质量均合格，供货商 A 为大型水泥生产企业，生产能力雄厚，质量稳定。产品价格及运输价格都优于 B、C 两家供应商，运输能力强，且承诺将第一时间保质保量地将水泥运送到位。能够满足该标段施工进度大厂水泥材料的需要，因此选定 A 供应商。

（二）砂

根据对砂的供应商进行的调研，离施工现场最近的 2 家材料供应商其产品质量、价格、汽车运输距离、材料到货价格等情况如表 4–5 所示。

表 4–5　包 14 砂供应商信息对比

序号	采购地点	供货商名称	规格型号	出厂价（元 / 立方米）	运杂费（元 / 立方米）	运输距离（千米）	材料到货价格（元 / 立方米）	质量简述	备注
1	乡堆镇	A	中砂	100	520	40 千米	620	良好	出量不足
2	达巴村	B	中砂	190	325	25 千米	515	良好	选定供货商

针对砂的采购，考虑了两种模式：第一种是在临近施工所在地的 A 砂石厂购买，运输至施工现场。第二种是考虑当地具体实际情况，与政府协调后由政府出面在线路途经地区建立砂石厂 B，专供线路施工使用。由于线路工程施工材料量大，经过协商，B 砂石厂的材料出厂价格确定为：砂 190 元 / 立方米。砂石厂距线路小运起点平均距离为 25 千米，运输至线路工程小运起点处的运输单价定为 13 元 / 立方米 · 千米。

A 供货商：

（1）砂出厂价均为 100 元 / 立方米。

（2）运杂费为 520 元 / 吨。由砂石厂至小运起点平均运输距离为 40 千米，当地运费为 13 元 / 吨 · 千米，运费为 40 × 13=520 元 / 吨。

最终，砂到货价格 =100+520=620 元 / 吨。

B 供货商：

（1）砂出厂价均为 190 元 / 立方米。

（2）运杂费为 520 元 / 吨。由砂石厂至小运起点平均运输距离为 25 千米，当地运费为 13 元 / 吨 · 千米，运费为 25 × 13=325 元 / 吨。

最终，砂到货价格 =190+325=515 元 / 吨。

虽然 A 供货商出厂价格低，但供应不足，且运输距离长，路况极差，运输价格贵，运输风险较大。折合单价后，运输至小运起运口的价格将高达 620 元 / 立方米。因此，经过项目部与达娃村委会协调沟通，达娃村委会在其管辖范围内的区域内建立了一个砂石厂 B，专供川藏联网工程使用。由于砂石厂仅为线路工程供货，保证了材料质量，同时，达娃村砂石厂的建立大大缩短了本标段砂的运输距离。折合单价后，运输至小运起运口的价格为 515 元 / 立方米。经过对比，最终选择了第二种模式，即 B 供货商。

（三）石

根据对石的供应商进行的调研，离施工现场最近的 2 家材料供应商详细情况如表 4–6 所示。

表 4–6　包 14 石供应商信息对比

采购地点	供货商名称	规格型号	出厂价（元 / 立方米）	运杂费（元 / 立方米）	运输距离（千米）	材料到货价格（元 / 立方米）	质量简述	备注
乡堆镇	A	碎石 20~40 毫米	100	520	40	620	良好	出量不足
达巴村	B	碎石 20~40 毫米	190	325	25	515	良好	选定供货商

石的采购模式与砂相同，有两种模式：第一种是在临近施工所在地的 A 砂石厂购买，运输至施工现场。第二种是与政府协调后由政府出面在线路途经地区建立砂石厂 B，专供线路施工使用。由于线路工程施工材料量大，经过协商，B 砂石厂的材料出厂价格确定为：碎石 190 元 / 立方米。砂石厂距线路小运起点平均距离为 25 千米，运输至线路工程小运起点处的运输单价定为 13 元 / 立方米・千米。

A 供货商：

（1）石出厂价均为 100 元 / 立方米。

（2）运杂费为 520 元 / 吨。由砂石厂至小运起点平均运输距离为 40 千米，当地运费为 13 元 / 吨・千米，运费为 40 × 13=520 元 / 吨。

最终，石到货价格 =100+520=620 元 / 吨。

B 供货商：

（1）石出厂价均为 190 元 / 立方米。

（2）运杂费为 520 元 / 吨。由砂石厂至小运起点平均运输距离为 25 千米，当地运费为 13 元 / 吨・千米，运费为 25 × 13=325 元 / 吨。

最终，石到货价格 =190+325=515 元 / 吨。

虽然 A 供货商出厂价格低，但供应不足，且运输距离长，路况极差，运输价格贵，运输风险较大。折合单价后，运输至小运起运点的价格将高达 620 元 / 立方米。因此，经过项目部与达娃村委会协调沟通，达娃村委会在其管辖范围内的区域内建立了一个砂石厂 B，专供川藏联网工程需要。由于 B 砂石厂仅为线路工程供货，因此保证了材料质量，同时大大缩短了运输距离。折合单价后，运输至小运起运口的价格为 515 元 / 立方米。经过对比，最终选择 B 供货商。

第二节　川西地材价格的机制分析

依据材料价格的构成及计算原理以及川藏联网工程地材价格调研数据，分析了材料原价、运杂费、场外运输损耗、采购和保管费对材料价格的影响。川藏联网工程特殊地区（川藏交界地带）各施工标段存在的地材价格差异性是客观存在的。川西地区乡村振兴“生态宜居”项目的建设也客观存在着同样的地材价格差异性。

通过上述分析，将特殊地区地材价格的确定分为原价和其他费用两大部分。其他费用指运杂费和场外运输损耗及采购保管费。

一、采购方式的选择——原价的确定

通过数据分析发现：原价与材料价格的变化幅度是一致的，原价的高低会影响到最终材料价格的高低。

砂、石、水泥原本属于地方性材料，由于川西地区资源的稀缺，满足不了川西地区乡村振兴“生态宜居”工程量大且集中的需求，采购不能完全实现就近当地采购原则。采购方式的不确定性导致了原价的不确定性。

原价 P 的确定首先是确定采购方式（见图 4–5）。假设：地方性采买的原价为 P_1，外购采买的原价为 P_2，自采的原价为 P_3。

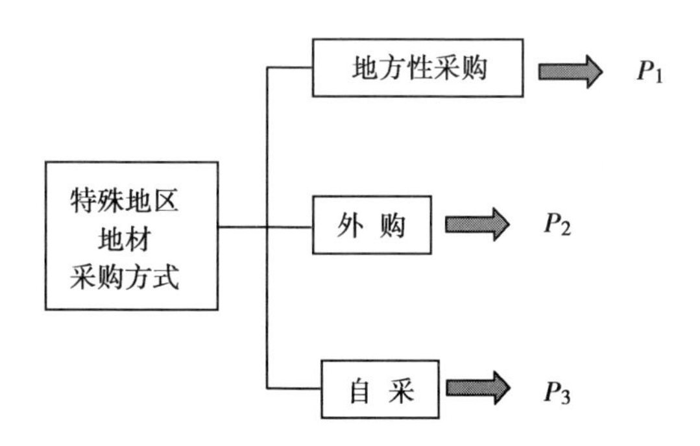

图 4–5　特殊地区地材采购方式对应的原价

（一）P_1 和 P_2 的确定

1. 能查找到采购地区的信息价

P_1 和 P_2 的确定应参考采购地区的信息价。但是，信息价里还包含了其他费用。不同省份市区的信息价形式不同：第一种形式，能够判断材料价格中的原价和其他费用构成；第二种形式，只能看到一个总的价格，无法区分总价格里费用的具体构成。

（1）第一种形式。例如，成都每月发布的建筑材料信息价，包括市场综合价和市场信息价，其中市场综合价包括运费和采管费，市场信息价仅指材料出厂价格。

再例如，湖北省交通基本建设造价管理站发布的《湖北省交通建设工程主要材料价格信息》，材料除税价包括材料供应价、运杂费、场外运输损耗、采保费：

$$除税价格 =（除税供应价 + 除税运杂费）\times（1+ 运输损耗费费率）\times（1+ 采保费费率） \quad (4\text{-}1)$$

其中，运输损耗费费率和采保费费率均有明确的规定。

《湖北省交通建设工程主要材料价格信息》中武汉市 2022 年 7 月部分主要交通工程材料除税价格如表 4-7 所示，常用材料运杂费参考表 4-8 所示。通过表 4-8 可以计算出运杂费。通过明确规定的运输损耗费费率和采保费费率可以计算出场外运输损耗及保管费。则 P_1 或 P_2 可以通过式（4-2）进行计算。

$$P_1 或 P_2 = 信息价 - 其他费用 \quad (4\text{-}2)$$

表 4-7　2022 年 7 月武汉市材料除税价（水泥、砂、石部分摘录）

序号	材料名称	规格型号	除税价格（元）
1	水泥（吨）	32.5R	388.40
2	水泥（吨）	42.5R	412.23
3	水泥（吨）	52.5R	459.97
4	中粗砂（立方米）	—	231.71
5	碎石（立方米）	≤2 厘米	149.23
6	碎石（立方米）	≤4 厘米	149.23
7	碎石（立方米）	≤6 厘米	144.99
8	碎石（立方米）	≤8 厘米	144.99

表 4-8　常用材料运杂费参考

序号	名称	运输方式	平原区			山区		
			≤50 千米	50~150 千米	>150 千米	≤50 千米	50~150 千米	>150 千米
1	钢材（吨）	普通运输	0.90 元 / 千米	0.85 元 / 千米	0.78 元 / 千米	1.30 元 / 千米	1.25 元 / 千米	1.20 元 / 千米
2	沥青（吨）	专车运输	1.10 元 / 千米	0.85 元 / 千米	0.75 元 / 千米	1.2 元 / 千米	1.10 元 / 千米	1.00 元 / 千米
3	水泥（吨）	普通运输	0.60 元 / 千米	0.55 元 / 千米	—	0.75 元 / 千米	0.70 元 / 千米	—
		专车运输	0.80 元 / 千米	0.70 元 / 千米	—	1.00 元 / 千米	0.95 元 / 千米	—
4	地材（立方米）	普通运输	0.65 元 / 千米	0.60 元 / 千米	—	0.80 元 / 千米	0.70 元 / 千米	—

（2）第二种形式。例如，贵阳的信息价（见表 4–9）只能看到材料的价格（除税价格）。此种形式下的信息价只能起到参考（原价应该比信息价低）的作用。此时，P_1 和 P_2 的确定可采用承包商的采购合同、转账信息及发票“三合一”的证据证明及市场询价完成原价的确定。其中，“三合一”中的转账信息是最重要的确定依据。市场询价是对承包商提交的原价的加强补充确定。

表 4–9　2022 年 5 月贵阳市区材料市场综合参考价（水泥、砂、石部分摘录）

序号	材料名称	规格型号	除税价格（元）
1	复合硅酸盐水泥（吨）	P · C42.5（散装）	415.93
2	复合硅酸盐水泥（吨）	P · C42.5（袋装）	433.63
3	普通硅酸盐水泥（吨）	P · O42.5（散装）	424.78
4	普通硅酸盐水泥（吨）	P · O42.5（袋装）	442.48
5	普通硅酸盐水泥（吨）	P · O52.5（散装）	469.03
6	中砂（立方米）	—	68.93
7	粗砂（立方米）	—	68.93
8	碎石（立方米）	10~20 毫米	67.96
9	碎石（立方米）	10~30 毫米	67.96
10	碎石（立方米）	10~40 毫米	67.96

2. 未能查找到采购地区的信息价

此时 P_1 和 P_2 的确定只能采用“三合一”及市场询价。

上述 P_1 和 P_2 的确定机制表达如图 4–6 所示。

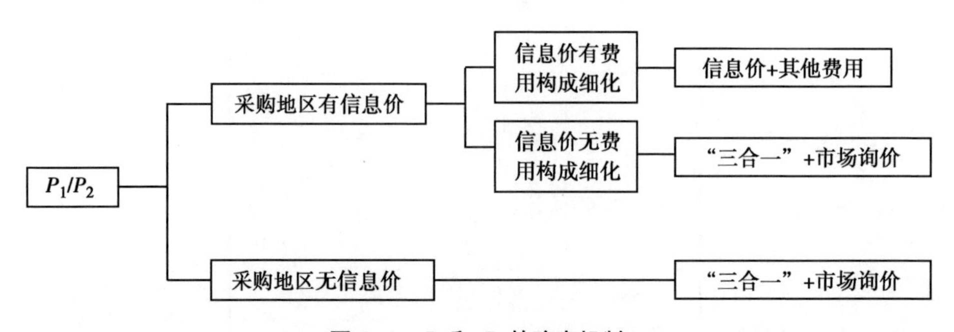

图 4–6　P_1 和 P_2 的确定机制

（二）P_3 的确定

1. 自采方式对应的 P_3

自采的方式，如开山放炮、机械或人工开挖山石、山砂。自采材料应考虑开采单价，开采时辅助生产的管理费和矿产资源税（如有）等也应按实计收取。

自采材料的情况比较特殊，但在川藏联网工程及川西地区工程中在所难免，因此如何真实地确定此种情况的材料原价具有实践意义。当地少数民族对自采的不理解也都本着民族团结、友好协商的方式进行。

自采材料开采单价的确定可考虑根据不同的开采方式编订相应计量计价标准，如材料采集及加工消耗量定额，列举部分可参考的定额如表 4-10~ 表 4-18 所示。定额参考来源:《公路工程预算定额》(JTG-T 3832—2018)。

2. 自采来源对应的 P_3

主要针对碎石的 P_3 确定。可根据当地的自然地质条件和施工现场情况予以确定。

（1）征地自采。当工程所在地附近无碎石料场，且经过地质勘探具备自采的地质条件时，可向当地政府征地，进行自采。这种自采方法属全方位自采，即从征地开始到合格碎石堆码方为止。此时碎石单价中包含六项工程内容：①开挖盖山土石；②片石开采；③机械轧碎石；④碎石运输；⑤堆码方；⑥征地费用（已分摊形式计入）。

（2）附近料场自采。当工程附近有充足片石料场，但当地无力加工碎石，经试验各项指标均满足碎石要求时，可在片石料场就地加工碎石。此时碎石单价中包含三项工程内容：①机械轧碎石；②碎石运输；③堆码方。

（3）捡清片石自采。利用路基深挖石方或隧道出渣石方，捡清片石自采。当遇有大的路基石方挖方段或石质隧道废弃石渣时，如石料满足碎石各项指标，则可捡清片石自采。此时碎石单价中包含四项工程内容：①人工捡清片石；②机械轧碎石；③碎石运输；④堆码方。

采用上述方法做碎石自采单价时，应注意两个问题：

（1）开挖盖山土石的计入。当遇有盖山土石需开挖时，应与路基工程综合考虑，合理计入。究竟计入路基工程还是计入碎石单价中，应通过经济比较确定。

当路基在此取土比在其他取土坑取土或远运利用都经济的情况下，此盖山土石应参与路基土石方调配，计入路基工程中，同时做好施工组织安排，限期将盖山土石取走，保证碎石的正常开采和材料供应。

表 4–10 采筛洗砂及机制砂

工程内容：开采砂：①安移筛架；②采挖；③过筛；④清渣洗砂；⑤堆方及清除废渣。

隧道弃渣筛砂、机制砂：部分解小，喂料、碾碎、过筛，堆方及清除废渣。

Ⅰ. 人工采筛　　单位：100 立方米堆方

顺序号	项目	代号	采堆		采筛堆				洗堆
			干处	水中	成品率（%）				
					30 以下	30~50	51~70	70 以上	
			1	2	3	4	5	6	7
1	人工（工日）	1001001	8.5	19.3	53.1	34.7	21.5	14.3	30.3
2	基价（元）	9999001	903	2051	5643	3688	2285	1520	3220

Ⅱ. 机械采筛　　单位：100 立方米堆方

顺序号	项目	代号	采筛堆				采筛洗堆			
			成品率（%）							
			30 以下	30~50	51~70	70 以上	30 以下	30~50	51~70	70 以上
			8	9	10	11	12	13	14	15
1	人工（工日）	1001001	2.9	1.9	1.3	0.8	3.2	2.3	1.5	1
2	105 千瓦以内履带式推土机（台班）	8001004	0.8	0.64	0.43	0.29	0.88	0.64	0.43	0.29

续表

顺序号	项目	代号	采筛堆				采筛洗堆			
			成品率（%）							
			30 以下	30~50	51~70	70 以上	30 以下	30~50	51~70	70 以上
			8	9	10	11	12	13	14	15
3	2.0 立方米以内轮胎式装载机（台班）	8001047	1.1	0.65	0.43	0.29	1.2	0.65	0.43	0.29
4	10×0.5 米皮带运输机（台班）	8009108	2.2	1.37	0.91	0.61	2.4	1.37	0.91	0.61
5	滚筒式筛分机（台班）	8015081	1.1	0.68	0.45	0.3	1.2	0.68	0.45	0.3
6	小型机具使用费（元）	8099001	51.4	51.4	51.4	51.4	90.4	90.4	90.4	90.4
7	基价（元）	9999001	3038	2053	1388	943	3361	2134	1449	1004

Ⅲ. 机制砂

单位：100 立方米堆方

顺序号	项目	代号	隧道弃渣筛沙		机制砂
			人工	机械	
			16	17	18
1	人工（工日）	1001001	63.3	9.5	4.4
2	铁杆（千克）	2009028	0.5	—	—
3	原木（立方米）	4003001	0.03	—	—

续表

顺序号	项目	代号	隧道弃渣筛沙		机制砂
			人工	机械	
			16	17	18
4	开采片石（立方米）	5505006	—	—	124.0
5	其他材料（元）	7801001	31.2	—	20.9
6	1.0 立方米以内轮胎式装载机（台班）	8001045	—	1.2	1.4
7	10×0.5 米皮带运输机（台班）	8009108	—	—	1.8
8	150×250 毫米电动颚式破碎机（台班）	8015060	—	—	0.65
9	振动给料机（台班）	8015078	—	—	0.63
10	制砂机（台班）	8015079	—	—	0.65
11	滚筒式筛分机（台班）	8015081	—	5.8	—
12	圆振动筛（台班）	8015084	—	—	0.65
13	基价（元）	9999001	6799	3046	2959

表 4–11 采砂砾、碎（砾）石土、砾石、卵石

工程内容：①挖松；②过筛；③洗石；④成品堆码方。

单位：100 立方米堆方及码方

顺序号	项目	代号	采堆		采码卵石	采、筛、堆砾石			采、筛、洗、堆砾石		
			砂砾、天然级配料	碎石土砾石土	粒径 8 厘米以上	成品率（%）					
						30~50	51~70	70 以上	30~50	51~70	70 以上
			1	2	3	4	5	6	7	8	9
1	人工（工日）	1001001	16.4	17.2	32.8	49.2	34.6	26.9	65.7	51	43.4
2	基价（元）	9999001	1743	1828	3486	5229	3677	2859	6983	5420	4613

单位：100 立方米堆方及码方

顺序号	项目	代号	采堆砂砾、天然级配料				滚筒筛分砂砾				简易自流筛分沙砾
			1.0 立方米挖掘机	2.0 立方米挖掘机	90 千瓦以内推土机	105 千瓦以内推土机	成品率（%）				
							31~50	51~70	71~90	90 以上	31~50
			10	11	12	13	14	15	16	17	18
1	人工（工日）	1001001	0.2	0.2	—	—	0.3	0.3	0.3	0.2	0.2
2	其他材料（元）	7801001	—	—	—	—	—	—	—	—	18

续表

顺序号	项目	代号	采堆砂砾、天然级配料				滚筒筛分砂砾				简易自流筛分沙砾
			1.0 立方米挖掘机	2.0 立方米挖掘机	90 千瓦以内推土机	105 千瓦以内推土机	成品率（%）				
							31~50	51~70	71~90	90 以上	31~50
			10	11	12	13	14	15	16	17	18
3	90 千瓦以内履带式推土机（台班）	8001003	—	—	0.41	—	—	—	—	—	—
4	105 千瓦以内履带式推土机（台班）	8001004	—	—	—	0.33	—	—	—	—	—
5	1.0 立方米以内履带式机械单斗挖掘机（台班）	8001035	0.25	—	—	—	—	—	—	—	—
6	2.0 立方米以内履带式机械单斗挖掘机（台班）	8001037	—	0.15	—	—	—	—	—	—	—
7	2.0 立方米以内轮胎式装载机（台班）	8001047	—	—	—	—	0.27	0.25	0.23	0.21	0.21
8	10×0.5 米皮带运输机（台班）	8009108	—	—	—	—	0.27	0.25	0.23	0.21	0.21
9	滚筒式筛分机（台班）	8015081	—	—	—	—	0.27	0.25	0.23	0.21	—
10	小型机具使用费（元）	8099001	—	—	—	—	31	31	31	31	—
11	基价（元）	9999001	284	267	429	389	440	412	384	345	284

续表

顺序号	项目	代号	简易自流筛分沙砾		
			成品率（%）		
			51~70	71~90	90 以上
			19	20	21
1	人工（工日）	1001001	0.2	0.2	0.2
2	其他材料（元）	7801001	11.9	8.9	8
3	2.0 立方米以内轮胎式装载机（台班）	8001047	0.19	0.17	0.15
4	10×0.5 米皮带运输机（台班）	8009108	0.19	0.17	0.15
5	基价（元）	9999001	255	228	204

单位：100 立方米堆方及码方

顺序号	项目	代号	采堆碎石土、砾石土				采码 8 厘米以上卵石
			1 立方米以内挖掘机	2 立方米以内挖掘机	90 千瓦以内挖土机	105 千瓦以内挖土机	
			22	23	24	25	26
1	人工（工日）	1001001	0.2	0.2	—	—	32.8
2	90 千瓦以内履带式推土机（台班）	8001003	—	—	0.44	—	—

续表

顺序号	项目	代号	采堆碎石土、砾石土				采码 8 厘米以上卵石
			1 立方米以内挖掘机	2 立方米以内挖掘机	90 千瓦以内挖土机	105 千瓦以内挖土机	
			22	23	24	25	26
3	105 千瓦以内履带式推土机（台班）	8001004	—	—	—	0.35	—
4	1.0 立方米以内履带式机械单斗挖掘机（台班）	8001035	0.27	—	—	—	—
5	2.0 立方米以内履带式机械单斗挖掘机（台班）	8001037	—	0.16	—	—	—
6	基价（元）	9999001	305	284	461	413	3286

单位：100 立方米堆方及码方

项目	代号	人工采、筛、堆砾石	人工采、筛、洗、堆砾石	机械采、筛、堆砾石			
		成品率（%）					
		30 以下	30 以下	30 以下	30~50	51~70	70 以上
		27	28	29	30	31	32
人工（工日）	1001001	63.5	80.8	1.4	1	0.6	0.4
105 千瓦以内履带式推土机（台班）	8001004	—	—	0.96	0.68	0.44	0.28

续表

项目	代号	人工采、筛、堆砾石	人工采、筛、洗、堆砾石	机械采、筛、堆砾石			
		成品率（%）					
		30 以下	30 以下	30 以下	30~50	51~70	70 以上
		27	28	29	30	31	32
3.0 立方米以内轮胎式转载机（台班）	8001049	—	—	1.44	1.02	0.65	0.42
10×0.5 米皮带运输机（台班）	8009108	—	—	2.88	2.05	1.3	0.84
振动给料机（台班）	8015078	—	—	0.48	0.34	0.22	0.14
圆振动筛（台班）	8015084	—	—	0.48	0.34	0.22	0.14
小型机具使用费（元）	8099001	—	—	48.8	48.8	48.8	48.8
基价（元）	9999001	6749	8587	4041	2879	1858	1212

注：①如需备水洗石时，每 1 立方米砾石用水量按 0.3 立方米计算，运水工另行计算。②资源费另计。

表 4-12 片石、块石开采

工程内容：片石开采：打眼、爆破、撬石、锲开、解小、码方。
片石捡清：撬石、解小、码方。
块石开采：打眼、爆破、揳开、劈石、粗清、码方。
块石捡清：选石、劈石、粗清、码方。

单位：100 立方米码方

项目	代号	片石			块石		
		人工开采	机械开采	捡清	人工开采	机械开采	捡清
		1	2	3	4	5	6
人工（工日）	1001001	27.5	15.8	18.6	81.4	47.6	67.7
钢钎（千克）	2009002	3.8	—	—	3	—	—
空心钢钎（千克）	2009003	—	2.1	—	—	0.9	—
Φ50 毫米以内合金钻头（个）	2009004	—	3	—	—	3	—
煤（吨）	3005001	0.024	—	—	0.018	—	—
硝铵炸药（千克）	5005002	20.4	20.4	—	11.9	11.9	—
非电毫秒雷管（个）	5005008	28	28	—	20	20	—
导爆索（米）	5005009	13	13	—	9	9	—
9 立方米 / 分钟以内机动空压机（台班）	8017049	—	1.31	—	—	3.95	—
小型机具使用费（元）	8099001	—	48.7	—	—	146.5	—
基价（元）	9999001	3320	3139	1977	8904	8372	7195

表 4-13　料石、盖板石开采

工程内容：①清除风化层；②画线；③钻线；④打槽子；⑤打锲眼；⑥宰石；⑦钻边；⑧清面；⑨堆放。

单位：100 立方米实方

顺序号	项目	代号	粗料石	细石料	盖板石
			1	2	3
1	人工（工日）	1001001	281.2	347.3	165.6
2	其他材料费（元）	7801001	11.7	11.7	11.7
3	基价（元）	9999001	29898	36923	17612

注：如需爆破者，按开采块石所需材料计列。

单位：100 立方米实方

顺序号	项目	代号	机械粗料石	机械细石料	机械盖板石
			4	5	6
1	人工（工日）	1001001	88.3	108.9	52
2	其他材料费（元）	7801001	7.8	7.8	11.7
3	半自动切割机（台班）	8015042	60	70	40
4	打磨机（台班）	8015077	—	80	28.05
5	小型机具使用费（元）	8099001	17.7	—	—
6	基价（元）	9999001	12457	28340	12199

表 4–14 机械轧碎石

工程内容：①取运片石；②机械轧、筛分碎石；③接运碎石；④成品堆方。

单位：100 立方米堆方

项目	代号	未筛分								
		颚式破碎机、轧碎石机装料口径（毫米 × 毫米）								
		150×250				250×400				
		碎石规格（最大粒径：厘米）								
		1.5	2.0	2.5	3.5	4.0	5.0	6.0	7.0	8.0
		1	2	3	4	5	6	7	8	9
人工（工日）	1001001	35	33.3	32.4	30.8	30.2	28.5	27.9	27.6	27.4
开采片石（立方米）	5505006	119.05	117.6	116.9	115.3	114.9	113	111.1	110.5	109.9
150 毫米 ×250 电动颚式破碎机（台班）	8015060	7.91	7.01	6.49	4.8	—	—	—	—	—
250 毫米 ×400 电动颚式破碎机（台班）	8015061	—	—	—	—	3.42	2.89	2.71	2.58	2.45
基价（元）	9999001	10565	10193	9993	9517	9512	9127	8933	8844	8766

续表

项目	代号	筛分								
		颚式破碎机、轧碎石机装料口径（毫米×毫米）								
		150×250				250×400				
		碎石规格（最大粒径：厘米）								
		1.5	2.0	2.5	3.5	4.0	5.0	6.0	7.0	8.0
		10	11	12	13	14	15	16	17	18
人工（工日）	1001001	35	33.3	32.4	30.8	30.2	28.5	27.9	27.6	27.4
开采片石（立方米）	5505006	119.05	117.6	116.9	115.3	114.9	113	111.1	110.5	109.9
150毫米×250电动颚式破碎机（台班）	8015060	7.91	7.01	6.49	4.8	—	—	—	—	—
250毫米×400电动颚式破碎机（台班）	8015061	—	—	—	—	3.42	2.89	2.71	2.58	2.45
滚筒式筛分机（台班）	8015081	8.04	7.13	6.6	4.88	3.48	2.94	2.75	2.63	2.49
基价（元）	9999001	12415	11833	11512	10640	10313	9803	8566	9449	9339

续表

顺序号	项目	代号	破碎、筛分碎石粒径联合破碎			
			粒径 0.3~0.8 厘米	粒径 1.5 厘米	粒径 2.5 厘米	粒径 3.5 厘米
			19	20	21	22
1	人工（工日）	1001001	2	6.3	4.2	3
2	开采片石（立方米）	5505006		117.6	115.9	114
3	3.0 立方米以内轮胎式装载机（台班）	8001049	0.3	1.25	0.83	0.59
4	10 米 ×0.5 米皮带运输机（台班）	8009108	6	5	3.32	2.95
5	600 毫米 ×900 毫米电动颚式破碎机（台班）	8015065	—	1.25	0.83	0.59
6	120 吨 / 时反击式破碎机（台班）	8015072	—	1.25	0.83	0.59
7	偏心振动筛（台班）	8015083	0.5	1.25	0.83	0.59
8	小型机具使用费（元）	8099001	—	95.2	63.2	44.9
9	基价（元）	9999001	1774	11024	9157	8152

续表

顺序号	项目	代号	四级破碎石					
			破碎、筛分石屑		破碎、筛分碎石			
			0.3 厘米以下	0.3~0.8 厘米	碎石粒径 1.5 厘米	碎石粒径 2.0 厘米	碎石粒径 2.5 厘米	碎石粒径 3.5 厘米
			23	24	25	26	27	28
1	人工（工日）	1001001	6.6	5.8	5.1	4.3	3.7	3.4
2	开采片石（立方米）	5505006	120.1	116.2	115.8	115.5	115.3	114.9
3	3.0 立方米以内轮胎式装载机（台班）	8001049	1.65	1.44	1.26	1.08	0.93	0.84
4	10×0.5 米皮带运输机（台班）	8009108	6.6	5.76	5.04	4.32	3.72	3.36
5	150×250 毫米电动颚式破碎机（台班）	8015060	0.55	0.48	0.42	0.36	0.31	0.28
6	140 吨 / 时反击式破碎机（台班）	8015073	0.55	0.48	0.42	0.36	0.31	0.28
7	圆锥破碎机（台班）	8015076	0.55	0.48	0.42	0.36	0.31	0.28
8	振动给料机（台班）	8015078	1.1	0.96	0.84	0.72	0.62	0.56
9	制砂机（台班）	8015079	0.55	0.48	0.42	0.36	0.31	0.28
10	圆振动筛（台班）	8015084	1.1	0.96	0.84	0.72	0.62	0.56
11	小型机具使用费（元）	8099001	97.5	95.9	95.2	90.4	63.2	44.9
12	基价（元）	9999001	12660	11617	10864	10102	9453	9054

表 4–15　路面用石屑、煤渣、矿渣采筛

工程内容：①挖松；②过筛；③清渣；④成品堆方。

单位：100 立方米堆方

顺序号	项目	代号	人工采筛	
			煤渣	矿渣
			1	2
1	人工（工日）	1001001	12.7	14.9
2	基价（元）	9999001	1350	1584

顺序号	项目	代号	机械采筛	
			煤渣	矿渣
			3	4
1	人工（工日）	1001001	3	3.6
2	3.0 立方米以内轮胎式装载机（台班）	8001049	0.3	0.32
3	滚筒式筛分机（台班）	8015081	0.1	0.11
4	基价（元）	9999001	717	808

表 4–16　人工洗碎（砾、卵）石

工程内容：①取料；②洗石；③堆方（卵石码方）。

单位：100 立方米堆方或码方

顺序号	项目	代号	洗碎（砾、卵）石
			1
1	人工（工日）	1001001	18.6
2	基价（元）	9999001	1977

注：如需备水，每 1 立方米（砾、卵）石用水量按 0.3 立方米计算，运水工另行计算。

表 4–17　堆、码方

工程内容：①平整场地；②材料整理；③堆、码方。

单位：100 立方米堆方或码方

顺序号	项目	代号	堆方			码方	
			土、砂、石屑、黏土	碎石、砾石、碎石土、砾石土、煤渣、矿渣	大块碎石	片石、大卵石	块石
			1	2	3	4	5
1	人工（工日）	1001001	1.6	2.1	4.2	5.2	6.9
2	基价（元）	9999001	170	223	446	553	733

表 4–18　碎石破碎设备安拆

工程内容：①放样；②浇筑碎石设备基座的全部工作；③上料台土方填筑、浆砌上料台；④碎石设备的安装、拆除、平整场地；⑤竣工后拆除清理。

单位：座

顺序号	项目	代号	联合碎石设备	四级破碎机
			生产能力（50 吨 / 时以内）	
			1	2
1	人工（工日）	1001001	198.9	296.8
2	HPB300 钢筋（吨）	2001001	0.089	0.134
3	8~12 号铁丝（千克）	2001021	0.4	0.6

续表

顺序号	项目	代号	联合碎石设备	四级破碎机
			生产能力（50 吨 / 时以内）	
			1	2
4	型钢（吨）	2003004	0.076	0.114
5	钢板（吨）	2003005	0.7	1.05
6	组合钢模板（吨）	2003026	0.149	0.224
7	铁件（千克）	2009028	71.3	106.95
8	水（立方米）	3005004	237	355.5
9	原木（立方米）	4003001	0.05	0.08
10	锯材（立方米）	4003002	0.02	0.03
11	中（粗）砂（立方米）	5503005	32.39	48.59
12	砾石（4 厘米）（立方米）	5505002	42.93	64.4
13	片石（立方米）	5505005	23	34.5
14	32.5 级水泥（吨）	5509001	19.113	28.67
15	其他材料费（元）	7801001	279.9	419.9
16	3.0 立方米以内轮胎式装载机（台班）	8001049	10	15

续表

顺序号	项目	代号	联合碎石设备	四级破碎机
			生产能力（50 吨 / 时以内）	
			1	2
17	250 升以内强制式混凝土搅拌机（台班）	8005002	4.24	6.36
18	1 吨以内机动翻斗车（台班）	8007046	5.6	8.4
19	20 吨以内汽车式起重机（台班）	8009029	6.2	9.3
20	小型机具使用费（元）	8099001	540.8	811.2
21	基价（元）	9999001	61390	92090

当路基在此取土不经济时，则计入碎石单价中，其定额工程量应按开挖盖山土石总数量与计划开采碎石总数量之比，计算出每立方米碎石中所含盖山土石的数量作为定额工程量。定额见表 4–12。

（2）机械轧碎石定额中片石单价的取定。机械轧碎石定额基价中片石单价是按人工开采占 25%、机械开采占 75% 计算的，自采时，可根据具体自采方法计算片石单价。当采用前述征地自采时，根据工程规模、施工队伍等级和施工力量等情况，合理调整人工开采与机械开采的比例，再按定额计算片石单价。

以筛分 2 厘米碎石自采原价的计算详细说明上述三种方法的运用，如表 4–19 所示。

表 4–19 自采来源对应的 P_3 确定

自采方法	工程项目及定额使用			2 厘米碎石料场单价（元）	备注
	定额个数	工程项目	定额工程量		
第一种	5	挖盖山土石	0.0025	30.959	①盖山土含量为 0.25 厘米碎石，厚度 1 米 ②片石人工开采与机械开采各占 50% ③机械轧碎石分项中不计片石单价
		开采片石	01176×5		
		机械轧碎石	0.01		
		碎石运输	0.01		
		堆码方	0.01		
第二种	3	机械轧碎石	0.01	33.625	片石单价取 13 元
		碎石运输	0.01		
		堆码方	0.01		
第三种	4	捡清片石	0.01176	22.704	机械轧碎石分项中不计片石单价
		机械轧碎石	0.01		
		碎石运输	0.01		
		堆码方	0.01		

综上所述，P_3 的确定机制如图 4–7 所示。

P_3 的确定需要综合考虑自采方式和自采的来源，共同确定需要参考的定额。开采时的辅助生产管理费和矿产资源税也应计算在自采材料的原价中。

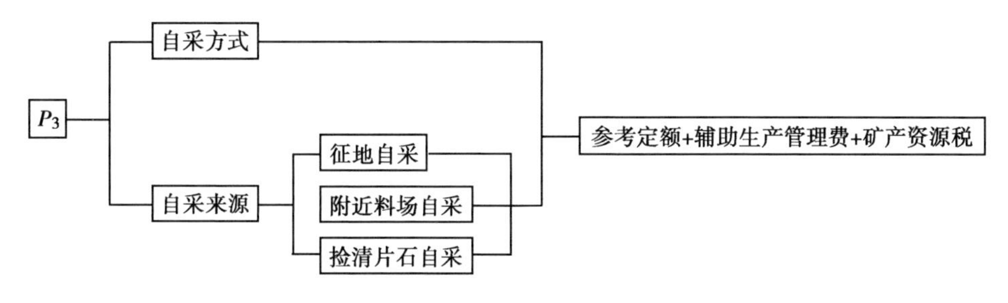

图 4-7　P_3 的确定机制

辅助生产的管理费可以开采单价为基数，也可以人工费为基数，以一定费率计取。材料采集及加工定额及辅助生产管理费费率可结合工程实际情况，再参考其他部门、行业的相关做法予以确定。

二、特殊性的考虑——其他费用的确定

其他费用包括运杂费（Y）和场外运输损耗（S）及采购保管费（C）。

（一）运杂费（Y）

依据运输方式确定运杂费（Y）。

1. 社会运输

考虑到川西地区的地理气候环境以及少数民族地区的风俗习惯，运杂费的计算考虑一定的系数。

$$Y=P\times（1+运输方式综合系数）\times（1+运输距离系数） \quad (4\text{–}3)$$

式中，运输方式综合系数可按照机械运输、人力（骡马）运输、机械与人力（骡马）混合运输三种方式计取，其中：

机械运输：建议系数取 0.3~0.5；

机械与人力（骡马）混合运输：建议系数取 0.4~0.8；

人力（骡马）运输：建议系数取 0.8~1.5。

$$运输距离系数 = 基本运距系数\times（1+运距增加系数） \quad (4\text{–}4)$$

当运输距离 $L\leqslant 10$ 千米时为基本运距，建议基本运距系数为 0.3。

运距增加系数：实际运距比基本运距每增加 1 千米，系数增加 1%。

2. 自办运输

施工单位自办运输可按照不同的方式参考预算定额计算运杂费（Y），如表 4-20~ 表 4-31 所示。此外，施工单位自办运输也应考虑辅助生产管理费。

表 4-20　人工挑抬运输

单位：100 吨

项目	代号	生石灰		煤		钢材		爆破材料、沥青、油料	
		装卸	挑运 10 米	装卸	挑运 10 米	装卸	挑运 10 米	装卸	挑运 10 米
		21	22	23	24	25	26	27	28
人工（工日）	1001001	7.4	1	4	1	6.7	1.3	8	1.3
基价（元）	9999001	786	106	425	106	712	138	850	138

升降坡度	高度差	
	每升高 1 米	每降低 1 米
10% 以下	不增加	不增加
11%~30%	7 米	4 米
30% 以上	10 米	7 米

注：遇有升降坡时，除按水平距离计算运距外，并按下表增加运距：

表 4-21　手推车运输

工程内容：①装料；②推运；③卸料；④空回。

单位：100 立方米

项目	代号	土、砂、石屑		黏土		砂砾、碎（砾）石、碎（砾）石土		片石、大卵石		块石	
		装卸	推运10米	装卸	推运10米	装卸	推运10米	装卸	推运10米	装卸	推运10米
		1	2	3	4	5	6	7	8	9	10
人工（工日）	1001001	6.1	0.5	7.5	0.5	8.8	0.5	11.6	0.7	13.4	0.9
基价（元）	9999001	648	53	797	53	935	53	1233	74	1424	96

单位：100 立方米

项目	代号	土、砂、石屑		原木		锯材		煤渣、矿渣		水泥、矿粉	
		100 立方米								100 吨	
		装卸	推运10米	装卸	推运10米	装卸	推运10米	装卸	推运10米	装卸	推运10米
		11	12	13	14	15	16	17	18	19	20
人工（工日）	1001001	15.9	1.3	5.8	0.4	5	0.3	4.5	0.3	6.7	0.4
基价（元）	9999001	1690	138	616	43	531	32	478	32	712	43

续表

项目	代号	生石灰		煤		钢材		爆破材料、沥青、油料	
		装卸	推运10米	装卸	推运10米	装卸	推运10米	装卸	推运10米
		21	22	23	24	25	26	27	28
人工（工日）	1001001	7.4	0.4	4	0.4	7.4	0.5	8.8	0.5
基价（元）	9999001	786	43	425	43	786	53	935	53

升降坡度	高度差	
	每升高1米	每降低1米
5%以下	15米	不增加
6%~10%		5米
10%以上	25米	8米

注：遇有升降坡时，除按水平距离计算运距外，并按下表增加运距：

表 4-22　机动翻斗运输（配合人工装车）

工程内容：①等待装料；②运走；③卸料；④空回。

单位：100 立方米

项目	代号	土、砂、石屑		黏土		砂砾、碎（砾）石、碎（砾）石土		片石、大卵石	
		第一个100米	每增运100米	第一个100米	每增运100米	第一个100米	每增运100米	第一个100米	每增运100米
		1	2	3	4	5	6	7	8
1吨以内机动翻斗车（台班）	8007046	2.43	0.28	2.53	0.26	2.88	0.29	3.61	0.32
基价（元）	9999001	517	60	538	55	613	62	768	68

项目	代号	块石		煤渣、矿渣		粉煤灰		生石灰	
		第一个100米	每增运100米	第一个100米	每增运100米	第一个100米	每增运100米	第一个100米	每增运100米
		9	10	11	12	13	14	15	16
1吨以内机动翻斗车（台班）	8007046	4.08	0.34	1.91	0.24	1.87	0.24	2.78	0.24
基价（元）	9999001	868	72	406	51	398	51	591	51

表 4-23　手扶拖拉机运输（配合人工装车）

工程内容：①等待装料；②运走；③卸料；④空回。

单位：100 立方米

项目	代号	土、砂、石屑		黏土		砂砾、碎（砾）石、碎（砾）石土		片石、大卵石	
		第一个100米	每增运100米	第一个100米	每增运100米	第一个100米	每增运100米	第一个100米	每增运100米
		1	2	3	4	5	6	7	8
手扶式拖拉机（带拖斗）（台班）	8007054	2.77	0.27	2.94	0.25	3.41	0.29	4.29	0.29
基价（元）	9999001	571	56	606	52	703	60	884	60

项目	代号	块石		煤渣、矿渣		粉煤灰		生石灰	
		100 立方米						100 吨	
		装卸	推运10米	装卸	推运10米	装卸	推运10米	装卸	推运10米
		9	10	11	12	13	14	15	16
手扶式拖拉机（带拖斗）（台班）	8007054	4.87	0.33	2.16	0.23	2.1	0.23	3.4	0.23
基价（元）	9999001	1004	68	445	47	433	47	701	47

表 4-24　载重汽车运输（配合人工装卸）

工程内容：①等待装料；②运走；③卸料；④空回。

Ⅰ. 4 吨以内载重汽车

项目	代号	料石、盖板石		木材		钢材	
		100 立方米				100 吨	
		第一个 1 千米	每增运 1 千米	第一个 1 千米	每增运 1 千米	第一个 1 千米	每增运 1 千米
		1	2	3	4	5	6
4 吨以内载货汽车（台班）	8007003	3.49	0.25	2.69	0.18	2.39	0.13
基价（元）	9999001	1641	118	1265	85	1124	61

项目	代号	水泥、矿粉（100 吨）		沥青、油料（100 吨）	
		第一个 1 千米	每增运 1 千米	第一个 1 千米	每增运 1 千米
		7	8	9	10
4 吨以内载货汽车（台班）	8007003	2.87	0.13	4.12	0.13
基价（元）	9999001	1349	61	1937	61

项目	代号	其他轻质材料（100 立方米）		轻质管材（100 立方米）	
		第一个 1 千米	每增运 1 千米	第一个 1 千米	每增运 1 千米
		11	12	13	14
4 吨以内载货汽车（台班）	8007003	1.62	0.14	2.02	0.16
基价（元）	9999001	762	66	950	75

Ⅱ. 6吨以内载重汽车

续表

项目	代号	料石、盖板石（100立方米）		木材（100立方米）		钢材（100吨）	
		第一个1千米	每增运1千米	第一个1千米	每增运1千米	第一个1千米	每增运1千米
		15	16	17	18	19	20
6吨以内载货汽车（台班）	8007005	2.71	0.23	2.09	0.16	1.84	0.12
基价（元）	9999001	1335	113	1029	79	906	59

项目	代号	水泥、矿粉（100吨）		沥青、油料（100吨）	
		第一个1千米	每增运1千米	第一个1千米	每增运1千米
		21	22	23	24
6吨以内载货汽车（台班）	8007005	2.22	0.12	3.25	0.12
基价（元）	9999001	1093	59	1600	59

项目	代号	其他轻质材料（100立方米）		轻质管材（100立方米）	
		第一个1千米	每增运1千米	第一个1千米	每增运1千米
		25	26	27	28
6吨以内载货汽车（台班）	8007005	1.25	0.12	1.57	0.15
基价（元）	9999001	616	59	773	74

续表

Ⅲ. 8 吨以内载重汽车

项目	代号	块石（100 立方米）		煤渣、矿渣（100 立方米）		生石灰（100 吨）	
		第一个 1 千米	每增运 1 千米	第一个 1 千米	每增运 1 千米	第一个 1 千米	每增运 1 千米
		29	30	31	32	33	34
8 吨以内载货汽车（台班）	8007006	2.15	0.17	1.63	0.13	1.45	0.1
基价（元）	9999001	1301	103	986	79	877	61

项目	代号	水泥、矿粉（100 吨）		沥青、油料（100 吨）	
		第一个 1 千米	每增运 1 千米	第一个 1 千米	每增运 1 千米
		27	28	29	30
8 吨以内载货汽车（台班）	8007006	1.75	0.09	2.55	0.09
基价（元）	9999001	1059	54	1543	54

项目	代号	其他轻质材料（100 立方米）		轻质管材（100 立方米）	
		第一个 1 千米	每增运 1 千米	第一个 1 千米	每增运 1 千米
		31	32	33	34
8 吨以内载货汽车（台班）	8007006	0.98	0.1	1.22	0.11
基价（元）	9999001	593	61	738	67

续表

Ⅳ. 10吨以内载重汽车

项目	代号	料石、盖板石（100立方米）		木材（100立方米）		钢材（100吨）	
		第一个1千米	每增运1千米	第一个1千米	每增运1千米	第一个1千米	每增运1千米
		35	36	37	38	39	40
10吨以内载货汽车（台班）	8007007	1.82	0.15	1.36	0.11	1.23	0.08
基价（元）	9999001	1215	100	908	73	821	53

项目	代号	水泥、矿粉（100吨）		沥青、油料（100吨）	
		第一个1千米	每增运1千米	第一个1千米	每增运1千米
		41	42	43	44
10吨以内载货汽车（台班）	8007007	1.48	0.08	2.18	0.08
基价（元）	9999001	988	53	1456	53

项目	代号	其他轻质材料（100吨）		管材（100吨）	
		第一个1千米	每增运1千米	第一个1千米	每增运1千米
		37	38	39	40
10吨以内载货汽车（台班）	8007007	0.82	0.09	1.02	0.09
基价（元）	9999001	548	60	681	60

V. 15 吨以内载重汽车

续表

项目	代号	料石、盖板石（100 立方米）		木材（100 立方米）		钢材（100 吨）	
		第一个 1 千米	每增运 1 千米	第一个 1 千米	每增运 1 千米	第一个 1 千米	每增运 1 千米
		41	42	43	44	45	46
15 吨以内载货汽车（台班）	8007009	1.24	0.1	0.91	0.07	0.83	0.05
基价（元）	9999001	1135	92	833	64	760	46

项目	代号	水泥、矿粉（100 吨）		沥青、油料（100 吨）	
		第一个 1 千米	每增运 1 千米	第一个 1 千米	每增运 1 千米
		47	48	49	50
15 吨以内载货汽车（台班）	8007009	1.01	0.05	1.49	0.05
基价（元）	9999001	925	46	1364	46

Ⅵ. 20 吨以内载重汽车

项目	代号	料石、盖板石（100 立方米）		木材（100 立方米）		钢材（100 吨）	
		第一个 1 千米	每增运 1 千米	第一个 1 千米	每增运 1 千米	第一个 1 千米	每增运 1 千米
		51	52	53	54	55	56
20 吨以内载货汽车（台班）	8007010	0.89	0.08	0.65	0.05	0.6	0.04
基价（元）	9999001	1001	90	731	56	675	45

续表

项目	代号	水泥、矿粉（100吨）		沥青、油料（100吨）	
		第一个1千米	每增运1千米	第一个1千米	每增运1千米
		57	58	59	60
20吨以内载货汽车（台班）	8007010	0.72	0.04	1.06	0.04
基价（元）	9999001	809	45	1192	45

表 4-25　自卸汽车运输（配合装载机装车）

工程内容：①等待装料；②运走；③卸料；④空回。

Ⅰ. 3吨以内自卸汽车

单位：100立方米

项目	代号	土、砂、石屑		黏土		砂砾、碎（砾）石、碎（砾）石土		片石、大卵石	
		第一个1千米	每增运1千米	第一个1千米	每增运1千米	第一个1千米	每增运1千米	第一个1千米	每增运1千米
		1	2	3	4	5	6	7	8
3吨以内自卸汽车（台班）	8007011	1	0.2	0.95	0.19	1.03	0.21	1.23	0.25
基价（元）	9999001	483	97	458	92	497	101	594	121

续表

项目	代号	块石		煤渣、矿渣		粉煤灰		生石灰		煤	
		100 立方米						100 吨			
		第一个1千米	每增运1千米	第一个1千米	每增运1千米	第一个1千米	每增运1千米	第一个1千米	每增运1千米	第一个1千米	每增运1千米
		9	10	11	12	13	14	15	16	17	18
3 吨以内自卸汽车（台班）	8007011	1.4	0.27	0.79	0.15	0.8	0.16	0.8	0.15	0.95	0.2
基价（元）	9999001	676	130	381	72	386	77	386	72	458	97

Ⅱ. 6 吨以内自卸汽车

单位：100 立方米

项目	代号	土、砂、石屑		黏土		砂砾、碎（砾）石、碎（砾）石土		片石、大卵石	
		第一个1千米	每增运1千米	第一个1千米	每增运1千米	第一个1千米	每增运1千米	第一个1千米	每增运1千米
		19	20	21	22	23	24	25	26
6 吨以内自卸汽车（台班）	8007013	0.78	0.16	0.77	0.15	0.85	0.17	0.9	0.18
基价（元）	9999001	449	92	443	86	489	98	518	104

续表

项目	代号	块石		煤渣、矿渣		粉煤灰		生石灰		煤	
		100立方米						100吨			
		第一个1千米	每增运1千米	第一个1千米	每增运1千米	第一个1千米	每增运1千米	第一个1千米	每增运1千米	第一个1千米	每增运1千米
		27	28	29	30	31	32	33	34	35	36
6吨以内自卸汽车（台班）	8007013	1.03	0.21	0.53	0.11	0.56	0.12	0.56	0.12	0.56	0.12
基价（元）	9999001	593	121	305	63	322	69	322	69	322	69

Ⅲ. 8吨以内自卸汽车

单位：100立方米

项目	代号	土、砂、石屑		黏土		砂砾、碎（砾）石、碎（砾）石土		片石、大卵石	
		第一个1千米	每增运1千米	第一个1千米	每增运1千米	第一个1千米	每增运1千米	第一个1千米	每增运1千米
		37	38	39	40	41	42	43	44
8吨以内自卸汽车（台班）	8007014	0.62	0.13	0.59	0.13	0.66	0.14	0.7	0.15
基价（元）	9999001	422	88	401	88	449	95	476	102

续表

项目	代号	块石		煤渣、矿渣		粉煤灰		生石灰		煤	
		100 立方米						100 吨			
		第一个1千米	每增运1千米	第一个1千米	每增运1千米	第一个1千米	每增运1千米	第一个1千米	每增运1千米	第一个1千米	每增运1千米
		45	46	47	48	49	50	51	52	53	54
8 吨以内自卸汽车（台班）	8007014	0.81	0.17	0.42	0.1	0.43	0.1	0.42	0.11	0.43	0.11
基价（元）	9999001	551	116	286	68	292	68	286	75	292	75

Ⅳ. 10 吨以内自卸汽车

单位：100 立方米

项目	代号	土、砂、石屑		黏土		砂砾、碎（砾）石、碎（砾）石土		片石、大卵石	
		第一个1千米	每增运1千米	第一个1千米	每增运1千米	第一个1千米	每增运1千米	第一个1千米	每增运1千米
		55	56	57	58	59	60	61	62
10 吨以内自卸汽车（台班）	8007015	0.53	0.11	0.54	0.12	0.57	0.11	0.6	0.12
基价（元）	9999001	402	84	410	91	433	84	456	91

续表

项目	代号	块石		煤渣、矿渣		粉煤灰		生石灰		煤	
		100 立方米						100 吨			
		第一个1千米	每增运1千米	第一个1千米	每增运1千米	第一个1千米	每增运1千米	第一个1千米	每增运1千米	第一个1千米	每增运1千米
		63	64	65	66	67	68	69	70	71	72
10 吨以内自卸汽车（台班）	8007015	0.7	0.13	0.35	0.08	0.36	0.08	0.35	0.08	0.36	0.08
基价（元）	9999001	531	99	266	61	273	61	266	61	273	61

Ⅵ. 15 吨以内自卸汽车

单位：100 立方米

项目	代号	土、砂、石屑		黏土		砂砾、碎（砾）石、碎（砾）石土		片石、大卵石	
		第一个1千米	每增运1千米	第一个1千米	每增运1千米	第一个1千米	每增运1千米	第一个1千米	每增运1千米
		91	92	93	94	95	96	97	98
15 吨以内自卸汽车（台班）	8007017	0.38	0.08	0.37	0.08	0.39	0.08	0.42	0.1
基价（元）	9999001	352	74	343	74	361	74	389	93

续表

项目	代号	块石		煤渣、矿渣		粉煤灰		生石灰		煤	
		100 立方米						100 吨			
		第一个1千米	每增运1千米	第一个1千米	每增运1千米	第一个1千米	每增运1千米	第一个1千米	每增运1千米	第一个1千米	每增运1千米
		99	100	101	102	103	104	105	106	107	108
15 吨以内自卸汽车（台班）	8007017	0.48	0.11	0.24	0.06	0.25	0.06	0.26	0.06	0.26	0.06
基价（元）	9999001	445	102	222	56	232	56	241	56	241	56

Ⅵ. 20 吨以内自卸汽车

单位：100 立方米

项目	代号	土、砂、石屑		黏土		砂砾、碎（砾）石、碎（砾）石土		片石、大卵石	
		第一个1千米	每增运1千米	第一个1千米	每增运1千米	第一个1千米	每增运1千米	第一个1千米	每增运1千米
		109	110	111	112	113	114	115	116
20 吨以内自卸汽车（台班）	8007019	0.28	0.07	0.27	0.06	0.3	0.06	0.32	0.07
基价（元）	9999001	314	78	303	67	336	67	359	78

续表

项目	代号	块石		煤渣、矿渣		粉煤灰		生石灰		煤	
		100 立方米						100 吨			
		第一个1 千米	每增运1 千米	第一个1 千米	每增运1 千米	第一个1 千米	每增运1 千米	第一个1 千米	每增运1 千米	第一个1 千米	每增运1 千米
		117	118	119	120	121	122	123	124	125	126
20 吨以内自卸汽车（台班）	8007019	0.37	0.09	0.18	0.05	0.19	0.05	0.2	0.05	0.2	0.05
基价（元）	9999001	415	101	202	56	213	56	224	56	224	56

表 4-26　人工装机动翻斗车

工程内容：装车。

项目	代号	土、砂、石屑	黏土	砂砾、碎（砾）石、碎（砾）石土	片石、大卵石	块石	煤渣、矿渣	粉煤灰	生石灰
		100 立方米							100 吨
		1	2	3	4	5	6	7	8
人工（工日）	1001001	2.7	3.1	3.7	5	5.6	2.1	1.9	4
基价（元）	9999001	287	329	393	531	595	223	202	425

表 4-27 人工装卸手扶拖拉机

工程内容：①装车；②卸车堆放。

项目	代号	土、砂、石屑	黏土	砂砾、碎（砾）石、碎（砾）石土	片石、大卵石	块石	煤渣、矿渣	粉煤灰	生石灰
		100 立方米							100 吨
		1	2	3	4	5	6	7	8
人工（工日）	1001001	4.1	4.6	5.6	7.4	8.5	3.1	2.9	5.9
基价（元）	9999001	436	489	595	786	903	329	308	627

表 4-28 人工装卸汽车

工程内容：①装车；②捆绑；③解绳；④卸车堆放。

项目	代号	料石、盖板石	木材	钢材	水泥、矿粉	爆破材料	沥青、油料	轻质材料
		100 立方米		100 吨				100 立方米
		1	2	3	4	5	6	7
人工（工日）	1001001	22.4	6.2	5.6	7	8.5	10.9	2.6
基价（元）	9999001	2381	659.0	595	744.0	903	1158	276

表 4-29　装载机装汽车

工程内容：①铲料；②装车。

Ⅰ. 1 立方米以内轮式装载机

项目	代号	土、砂、石屑、黏土、碎（砾）石土、煤渣、矿渣、粉煤灰	片石、大卵石	块石	生石灰	煤
		100 立方米			100 吨	
		1	2	3	4	5
1.0 立方米以内轮胎式装载机（台班）	8001045	0.26	0.31	0.38	0.29	0.26
基价（元）	9999001	152	181	222	170	152

Ⅱ. 2 立方米以内轮式装载机

项目	代号	土、砂、石屑、黏土、碎（砾）石土、煤渣、矿渣、粉煤灰	片石、大卵石	块石	生石灰	煤
		100 立方米			100 吨	
		6	7	8	9	10
2.0 立方米以内轮胎式装载机（台班）	8001047	0.15	0.18	0.22	0.17	0.15
基价（元）	9999001	148	177	217	168	148

Ⅲ. 3 立方米以内轮胎式装载机

续表

项目	代号	土、砂、石屑、黏土、碎（砾）石土、煤渣、矿渣、粉煤灰	片石、大卵石	块石	生石灰	煤
		100 立方米			100 吨	
		11	12	13	14	15
3.0 立方米以内轮胎式装载机（台班）	8001049	0.12	0.14	0.17	0.13	0.12
基价（元）	9999001	150	175	212	162	150

表 4–30　其他装卸汽车

工程内容：①铲料；②装车。

项目	代号	叉车装卸		起重机装卸	
		木材	钢材	木材	钢材
		100 立方米	100 吨	100 立方米	100 吨
		1	2	3	4
人工（工日）	1001001	0.5	0.4	0.7	0.6
20 吨以内轮胎式起重机（台班）	8009020	—	—	0.34	0.25
5 吨以内内燃叉车（台班）	8009123	0.55	1.35	—	—
小型机具使用费（元）	8099001	177.3	177.3	177.3	177.3
基价（元）	9999001	555	426	638	525

表 4–31　洒水车运水

工程内容：①吸水；②运水；③泄水；④空回。

项目	代号	4000 升以内洒水车		6000 升以内洒水车		8000 升以内洒水车		10000 升以内洒水车	
		第一个 1 千米	每增运 1 千米	第一个 1 千米	每增运 1 千米	第一个 1 千米	每增运 1 千米	第一个 1 千米	每增运 1 千米
		1	2	3	4	5	6	7	8
4000 升以内洒水汽车（台班）	8007040	11.2	0.71	—	—	—	—	—	—
6000 升以内洒水汽车（台班）	8007041	—	—	9.5	0.47	—	—	—	—
8000 升以内洒水汽车（台班）	8007042	—	—	—	—	7.15	0.31	—	—
10000 升以内洒水汽车（台班）	8007043	—	—	—	—	—	—	5.6	0.24
基价（元）	9999001	7022	445	6630	328	6466	280	6187	265

V. 12 吨以内自卸汽车

单位：100 立方米

项目	代号	4000 升以内洒水车		6000 升以内洒水车		8000 升以内洒水车		10000 升以内洒水车	
		第一个 1 千米	每增运 1 千米	第一个 1 千米	每增运 1 千米	第一个 1 千米	每增运 1 千米	第一个 1 千米	每增运 1 千米
		73	74	75	76	77	78	79	80
12 吨以内自卸汽车（台班）	8007016	0.43	0.09	0.39	0.09	0.47	0.09	0.5	0.11
基价（元）	9999001	362	76	328	76	395	76	421	93

续表

项目	代号	块石		煤渣、矿渣		粉煤灰		生石灰		煤	
		第一个1千米	每增运1千米	第一个1千米	每增运1千米	第一个1千米	每增运1千米	第一个1千米	每增运1千米	第一个1千米	每增运1千米
		81	82	83	84	85	86	87	88	89	90
12吨以内自卸汽车（台班）	8007016	0.57	0.12	0.29	0.06	0.3	0.06	0.31	0.07	0.31	0.07
基价（元）	9999001	480	101	244	50	252	50	261	59	261	59

（二）场外运输损耗费（S）

$$S=(P+Y)\times 场外运输损耗率 \quad (4-5)$$

式中，场外运输损耗率在表 2–8 的基础上，考虑特殊环境，放大系数。例如，石子：3%；砂：6%；水泥：3%。

（三）采购及保管费（C）

$$C=(P+Y+S)\times 采购及保管费费率 \quad (4-6)$$

式中，考虑特殊环境，放大系数，采购及保管费费率可取 5%。

综上所述，其他费用的确定机制如图 4–8 所示。

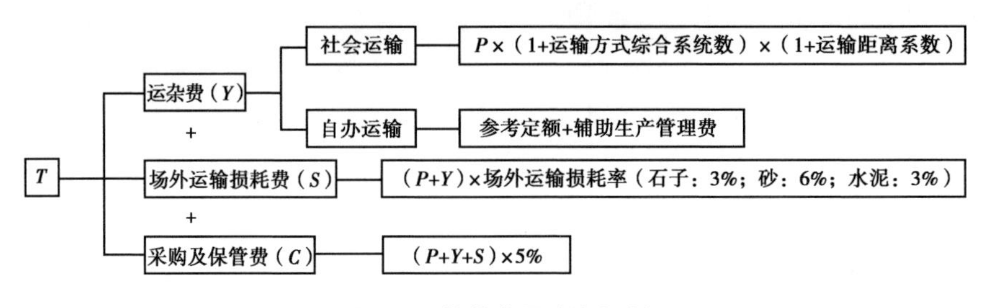

图 4–8　其他费用确定机制

第三节　川西地材价格的确定机制

通过上述分析，川西地区地材价格的确定是一项系统工作，其确定机制如图 4–9 所示。即需要分别确定原价和其他费用。

原价的确定首先需要考虑其采购方式。其中，地方性采购原价和外购原价的确定取决于采购地区是否有信息价以及信息价是否有费用构成细化。对于具有信息价且信息价有费用构成细化的地区，信息价扣除其他费用即为该地材原价。对于没有信息价或有信息价但无费用构成细化的地区，其地材原价可采用由承包商的采购合同、转账信息及发票组成的“三合一”证据证明以及市场询价而确定。自采模式下地材原价需要根据自采的方式与来源判断参考的定额，并将辅助生产管理费与矿产资源费计入原价。

其他费用包括运杂费、场外运输损耗费以及采购保管费。其中，运杂费取决于其运输方式。自办运输根据不同的方式参考预算定额计算运杂费，并需要将辅助生产管理费计入运杂费。社会运输的运杂费则根据前文中提到的系数，代入公式计算。场外运输损耗费根据不同材料的场外运输损耗率，以原价与运杂费之和为基数计算。采购及保管费以原价、运杂费与场外运输损耗费之和为基数，取费率 5% 计算。

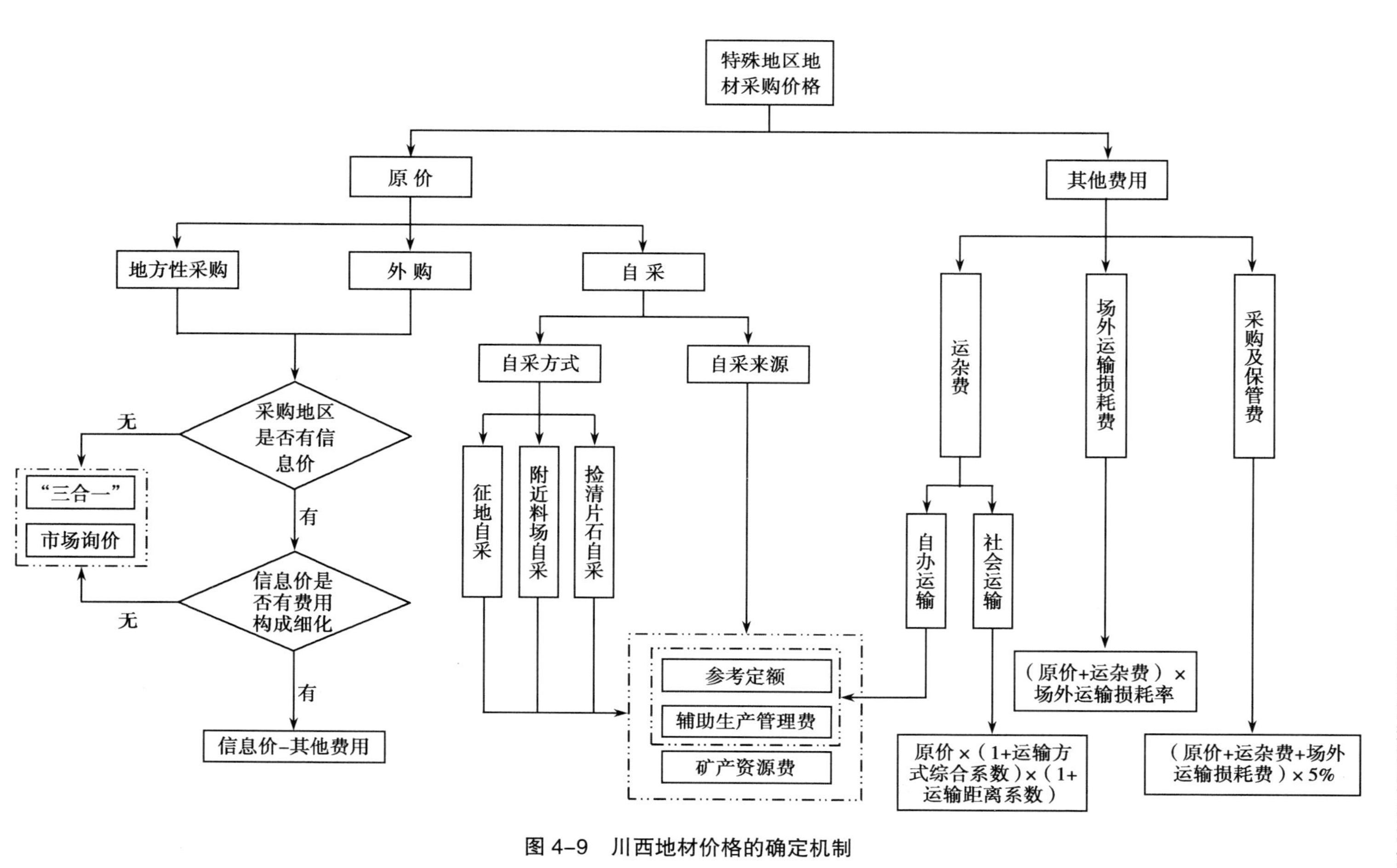

图 4-9　川西地材价格的确定机制

第四节 运用举例

已知巴塘县砂的购买原价为 75 元 / 立方米，石子的购买原价为 70 元 / 立方米，运到施工现场的距离为 30 千米，运输方式考虑为机械运输，计算砂、石子的材料价格。

（一）求砂的材料价格

（1）运输方式综合系数取：0.4。

（2）基本运距系数取：0.3。

（3）运距增加系数取：（30–10）×1%=0.2。

（4）场外运输损耗率取：6%。

（5）采购及保管费费率取：5%。

运杂费 = 原价 ×（1+ 运输方式综合系数）×（1+ 运输距离系数）

=75×（1+0.4）×［1+0.3×（1+0.2）］=142.80（元 / 立方米）

砂的材料价格 =（原价 + 运杂费）×（1+ 场外运输损耗率）×（1+ 采购及保管费费率）

=（75+142.80）×（1+6%）×（1+5%）

≈ 242.41（元 / 立方米）

（二）求石子的材料价格

基本参数取值同上。

运杂费 = 原价 ×（1+ 运输方式综合系数）×（1+ 运输距离系数）

=70×（1+0.4）×［1+0.3×（1+0.2）］=133.28（元 / 立方米）

石子的材料价格 =（原价 + 运杂费）×（1+ 场外运输损耗率）×（1+ 采购及保管费费率）

=（70+133.28）×（1+6%）×（1+5%）

≈ 226.25（元 / 立方米）

已知乡城县砂的购买原价为 100 元 / 立方米，石子的购买原价为 80 元 / 立方米，运到施工现场的距离为 100 千米，运输方式考虑为机械与人力（骡马）混合运输，计算砂、石子的材料价格。

（三）求砂的材料价格

该例为线路建设，条件更趋复杂。

（1）运输方式综合系数取：0.6。

（2）基本运距系数取：0.3。

（3）运距增加系数取：（100–10）×1%=0.9。

（4）场外运输损耗率取：6%。

（5）采购及保管费费率取：5%。

运杂费 = 原价 ×（1+ 运输方式综合系数）×（1+ 运输距离系数）

=100×（1+0.6）×［1+0.3×（1+0.9）］=251.20（元 / 立方米）

砂的材料价格 =（原价 + 运杂费）×（1+ 场外运输损耗率）×

（1+ 采购及保管费费率）

=（100+251.2）×（1+6%）×（1+5%）

≈ 390.89（元 / 立方米）

（四）求石子的材料价格

基本参数取值同上。

运杂费 = 原价 ×（1+ 运输方式综合系数）×（1+ 运输距离系数）

=80×（1+0.6）×［1+0.3×（1+0.9）］=200.96（元 / 立方米）

石子的材料价格 =（原价 + 运杂费）×（1+ 场外运输损耗率）×

（1+ 采购及保管费费率）

=（80+200.96）×（1+6%）×（1+5%）

=312.71（元 / 立方米）

将以上数据填入表 4–32，得到相应地材价格。

表 4–32 材料价格计算表

序号	名称规格	原价（元/立方米）	运杂费							原价+运杂费合计（元）	场外运输损耗		采购及保管费		预算单价（元/立方米）
			供应地点	运输方式	运输方式综合系数	运输距离（千米）	运输距离系数（千米）	运杂费构成说明或计算式	单位运杂费（元/立方米）		费率（%）	金额（元）	费率（%）	金额（元）	
1	砂（立方米）	75	巴塘	机械	0.4	30	0.36	运杂费 = 原价 ×（1+运输方式综合系数）×（1+运输距离系数）	142.80	217.80	6	13.07	5	11.54	242.41
2	石子（立方米）	70	巴塘	机械	0.4	30	0.36	运杂费 = 原价 ×（1+运输方式综合系数）×（1+运输距离系数）	133.28	203.28	6	12.20	5	10.77	226.25
3	砂（立方米）	100	乡城	机械与人力（骡马）混合运输	0.6	100	0.57	运杂费 = 原价 ×（1+运输方式综合系数）×（1+运输距离系数）	251.20	351.20	6	21.07	5	18.61	390.88
4	石子（立方米）	80	乡城	机械与人力（骡马）混合运输	0.6	100	0.57	运杂费 = 原价 ×（1+运输方式综合系数）×（1+运输距离系数）	200.96	280.96	6	16.86	5	14.89	312.71

第五章　结论及研究展望

第一节　结论

通过对川藏联网工程地材的调研及数据分析，以及材料价格构成及确定因素的分析，结论如下：

（1）课题组收集的现有川藏联网工程各施工标段地材价格采购信息之所以差异性很大，主要由三个方面造成：材料的获取方式（地方性采购、外购、自采）不同导致材料原价不同；运距与运输方式不同导致运杂费不同；现场堆放存储条件的差异导致场外运输损耗和采购保管费不同。材料价格由原价、运杂费、场外运输损耗、采购及保管费构成，只要一个因素变化，就会导致材料价格（到场价）的变化。各施工标段由于材料获取方式、环境、条件的不同所产生的工程实际材料价格的差异是客观存在的。

（2）课题组所收集的现有川藏联网工程各施工标段地材价格采购信息与西藏《市场价格信息》及《四川工程造价信息》价差较大，反映为地区材料预算价格（信息价）与工程实际材料价格的偏差较大。

信息价的编制是取得政府主管部门的授权，由政府规定的专门部门组织编制并发布的材料价格。为保证所编制的信息价公平、公正、指导性强，在编制前需进行大量的市场信息调查工作，因此信息价往往能反映材料价格的普遍性。然而，正是因为信息价的普遍性，特殊地区特殊环境下的施工标段地材价格若不考虑实际情况直接采用，则并不适宜。

（3）川西地区（特殊地区）的地材价格需要系统考虑采办方式、可参考信息价形式、运输方式、采办环境等多方面因素，需要一个区别于传统项目建设实施环境下的价格确定机制。

（4）原本地材的属性决定其采购方式应为地方性采购（就近购买）。但由于资源的稀缺，川西地区项目建设的地材的采办不得不在外购和自采这两种方式中抉择。川西地区地材价格的确定是一个系统工程。本课题结合地材的采办方式、可参考信息价形式、运输方式、采办环境等多方面因素，构建了一个区别于传统项目建设实施环境下的地材价格确定机制。

（5）地材的价格波动对乡村振兴“生态宜居”建设项目投资影响很大。考虑到乡村振兴的持续投资和地材价格大幅上涨的根本性原因在于供需失衡，乡村振兴建设应在砂石等重要地材供给上下功夫。本书可为政策的制定及实施提供理论及方法的支持。

第二节　研究展望

一、研究方法需要完善

深入乡村振兴“生态宜居”建设项目，基于GIS信息化手段实现地材资源分布的数据采集，利用于GIS空间分析能力实现地材采办选址模型的求解。

二、选取地材采购及运输价格差异较大的建设项目进行实证分析

将本研究的地材价格确定机制运用到川西地区乡村振兴“生态宜居”建设项目中，指导项目的实施，分析精细化地材管理的增值效益并形成实证分析结论。

参考文献

[1] 央广网，习近平出席中央扶贫开发工作会议并作重要讲话[EB/OL].央广网，http：//www.China.cnr.cn.

[2] 顾国爱.西藏实施乡村振兴战略的路径和举措研究[J].科学社会主义，2018（5）：114-117.

[3] 狄方耀，刘星君.西藏边境地带乡村振兴的特点与对策等问题探讨[J].西藏大学学报（社会科学版），2021，36（4）：123-131.

[4] 李伟国.加快补上农村基础设施和公共服务短板[J].农村工作通讯，2020（5）：22-24.

[5] 龙涛.西藏和谐矿区建设的理论与实证研究[D].东北大学博士学位论文，2016.

[6] 雷明，于莎莎.全面乡村振兴：政策指向与实践[J].社会科学家，2021（12）：31-41.

[7] 张洁.乡村振兴战略的五大要求及实施路径思考[J].贵州大学学报（社会科学版），2020，38（5）：61-72.

[8] 邱颖峰.西部地区地方性材料在公路路面中应用的研究[D].同济大学博士学位论文，2004.

[9] 刘红伶.城市风景园林设计存在的问题及对策[J].工程技术研究，2020，5（2）：221-222.

[10] 钱育工.地方性材料在水电工程施工中的应用[J].小水电，2002（5）：18-19.

[11] 王晖.西藏阿里苹果小学[J].时代建筑，2006（4）：114-119.

[12] 崔鹏，皮卫星，程明广.地方性建造与低技术节能的启示[J].低温建筑技术，2012，34（5）：128-130.

[13] 雷雪莲.特殊地区材料价格确定方法研究[D].西华大学博士学位论文，2016.

[14] 刘秋霞.材料价格上涨对工程造价的影响及应对措施[J].中外公路，2020，40（4）：344-346.

[15] 李亮 . 新形势下施企如何强化地材管控 [J]. 施工企业管理，2020 (8)：92-94.

[16] 田景胜 . 地材价格波动对公路工程成本影响的分析及管控 [J]. 价值工程，2022，41 (20)：38-40.

[17] 吴琰 . 铁路建设地材物资招标采购管理的实践与思考 [J]. 铁路采购与物流，2017，12 (8)：35-36.

[18] 吴帮玉 . 铁路建设工程材料费及价差调整浅析与思考 [J]. 铁路工程技术与经济，2019，34 (4)：41-43+48.

[19] 刘飞飞，游启升 . 基础设施工程主要材料价格波动对工程造价影响研究 [J]. 建筑经济，2022，43 (S1)：241-244.

[20] 卢秋香 . 清单计价形势下的建筑材料价格控制 [J]. 中国高新技术企业，2012 (16)：154-156.

[21] 刘静 . 基于 RS 与 GIS 的川藏联网工程沿线地质灾害危险性评价 [D]. 中国地质大学博士学位论文，2018.

[22] 兰恒星，肖锐铧，严福章，伍宇明 . 川藏联网工程地质条件分析 [C].2016 年全国工程地质学术年会论文集，2016：392-402.

[23] 曹爱春，邱明文 . 计算自采碎石料场单价的几种方法 [J]. 吉林交通科技，1998 (1)：9-10.

附录

附录1：包1的价格分析

一、工程概况

（一）工程规模

包1位于甘孜州巴塘县夏邛镇崩扎村和河西村，东南距县城直线距离约4.3千米。进站道路为由318国道修建一条17千米长的道路引接至变电站大门。站区总用地面积6.65公顷（99.7亩），其中围墙内用地面积4.99公顷（74.85亩）；站内总建筑面积（本期/远期）4583/8907.6平方米。

（二）自然环境条件

站址海拔约3330米，场地为高山峡谷地貌区山顶台地，台地总体地形平坦。微地形表现为东、西两侧高，中间低，呈微槽状地形，地形坡度为5左右，高差在15~20米。

（三）本标段交通运输状况

1. 香格里拉—巴塘

国道全长约518千米，其中214国道415千米，318国道103千米，道路路面较好，但道路大多在峡谷和山体间穿行，路面窄、弯道多，还时常伴随滚石和山体滑坡，道路海拔较高，车辆运输效率较低，如附图1所示。

2. 巴塘—变电站

进站道路利用原巴塘县—拉哇乡的005乡道为基础进行加宽修筑，此路段全长17千米，高差700米，且路窄、弯多弯急、路面差、坡度陡，全为爬坡土路，车辆运输效率极低（详见附图2）。

附图 1　香格里拉—巴塘公路运输路径示意图

附图 2　进站道路走向示意图

二、材料供应比选

（一）水泥

根据调研情况，巴塘县只生产工程建设所需的砂、石材料（其余地材需到其他县市购买）。水泥为总公司集中采购（在总公司年度供应商里选取、确定）。水泥最近的采购地点为迪庆藏族自治州，其公路运输距离为597千米（580千米国道+17千米进站道路）。选定的两家供应商详细价格信息如附表1所示。

（二）砂

在考虑运输距离、经营状况、出厂价格、到货价格以及川藏联网指挥部协调办和监理部的多次沟通与协调下，选择了三家建材经营部作为本工程的地材比选供应商。具体信息如附表2所示。

由附表2可知，巴塘县附近的3家砂石厂离施工现场距离、出厂价格、每千米运费基本相同。虽然供应商B运距最近且到货价与供应商A相同，但其目前经营状况不稳定，随时存在停产的风险。而供应商C由于运距偏远，到场价较高。按照规避风险、降本增效的原则，故选择了供应商A作为本工程砂的供应商。

（三）石（含碎石、毛石、卵石、连砂石）

由于进站道路是利用巴塘县至拉哇乡的乡道进行扩宽改建，该路段存在弯多、路窄、坡度大、距离长、路面未硬化（土路）等诸多因素，材料运输困难。运送材料上山的车辆都采用双桥以上的重型汽车，且车辆行驶速度缓慢、车辆磨损及耗油量均远大于正常情况，往返一次需要4小时以上。虽经过川藏联网指挥部协调办和监理部的多次沟通与协调，但其材料运输价格远远高于内地市场运输价。碎石、卵石、毛石和连砂石供应商信息如附表3所示。

由附表3可知，巴塘县附近的3家砂石厂离施工现场距离、出厂价格、每千米运费基本相同。虽然供应商B运距最近且到货价与供应商A相同，但目前经营状况不稳定，随时存在停产的风险。而供应商C由于运距偏远，到场价较高。本着规避风险、降本增效的原则，选择了供应商A作为本工程碎石、毛石、卵石、连砂石的供应商。

附表 1　包 1 水泥供应商信息对比

序号	采购地点	供货商名称	品牌	规格型号	单位	出厂价（元 / 吨）	运杂费（元 / 吨）	运输距离（千米）	材料到货价格（元）	质量简述	备注
1	迪庆藏族自治州	A	华新	P.O 42.5R	吨	430	716.4	597	1146.4	合格	袋装
2	迪庆藏族自治州	B	华新	P.O 42.5R	吨	390	455	597	845	合格	罐装

附表 2　包 1 中砂供应商信息对比

序号	采购地点	供货商名称	规格型号	单位	出厂价（元 / 吨）	运杂费（元 / 吨）	运输距离（千米）	材料到货价格（元）	质量简述	备注
1	巴塘	A	中砂	立方米	70	173.5	30	243.5	合格	选定供应商
2	巴塘	B	中砂	立方米	70	173.5	26	243.5	合格	—
3	巴塘	C	中砂	立方米	70	192.5	35	262.5	合格	—

附表 3　包 1 石（含碎石、毛石、卵石、连砂石）供应商信息对比

序号	采购地点	供货商名称	规格型号	单位	出厂价（元）	运杂费（元）	运输距离（千米）	材料到货价格（元）	质量简述	备注
1	巴塘县	A	碎石 20~50 毫米	立方米	150	158.5	30	308.5	合格	选定供应商
			毛石	立方米	52	158	30	210	合格	
			卵石 20~50 毫米	立方米	72	158.5	30	230.5	合格	
			连砂石	立方米	42	158	30	200	合格	
2	巴塘县	B	碎石 20~50 毫米	立方米	150	158.5	26	308.5	合格	—
			毛石	立方米	52	158	26	210	合格	
			卵石 20~50 毫米	立方米	72	158.5	26	230.5	合格	
			连砂石	立方米	42	158	26	200	合格	
3	巴塘县	C	碎石 20~50 毫米	立方米	150	178.5	35	328.5	合格	—
			毛石	立方米	52	178	35	230	合格	
			卵石 20~50 毫米	立方米	72	180	35	252	合格	
			连砂石	立方米	42	175	35	217	合格	

附录 2：包 4 的价格分析

一、工程概况

包 4 站址海拔 4008 米，属于川藏联网工程的受电终端。工程位于江达县城西南侧，青泥洞乡东侧，距离县城 56 千米，属江达县青泥洞乡巴纳行政村切莫自然村管辖。包 4 工程距国道 317 约 2.5 千米，501 省道位于站区东侧约 50 米处，路面宽度约 6 米，沥青混凝土路面，进站道路从该省道引接，长度约 76.9 米。

砂、石等地材采购点分布于 317 国道旁，经国道 317 转省道 501 运输至工地，均为混凝土路面，有部分机耕道，其路况如附图 3 所示。

附图 3　砂、石等地材采购运输路况

水泥需从成都采购，由成都至工地大部分为山岭重丘二级公路，混凝土路面，部分地区路况较差，为机耕道，机耕道的典型情况如附图 4 所示。

附图 4　水泥采购运输路况

二、材料价格比选

（一）水泥：（含大厂水泥 32.5R、42.5R）

根据调研，当地没有质量较好的大型水泥厂，因此选择远方采购。水泥供应商比选详细信息如附表 4 所示。

通过对比两家供货商的情况，从多方面考虑，就位置而言，四川相比云南运输距离较短，运输路线较安全，到货时间相对较快；四川峨胜水泥是全国五百强企业，质量较华润水泥好，价格实惠。因此，选择 A 公司作为供货商。

（二）砂、石

1. 砂、卵石

混合砂及卵石供应商比选详细信息如附表 5 所示。

西藏自治区山路较多，运输不便，因此运费较贵。A 砂场所在卡贡乡比江达县近，运输状况相对其他砂场较好，到货时间相对较快；虽仍有含泥量较多且存在虚方的现象，但质量已相对较好，价格也相对便宜；与藏胞在沟通上存在难度，供货商 A 在地材运输过程中配合较好，因此选择 A 砂场作为供货商。

2. 碎石

碎石供应商比选详细信息如附表 6 所示。

玉龙采石场虽然存在运输状况不佳、有虚方、含泥量较多的现象，但与其他采石场相比相对较好，且价格更适宜。故而，选择 A 采石场作为碎石供货商。

附表 4　包 4 水泥供应商信息对比

采购地点	供货商名称	品牌	规格型号	单位	运输距离（千米）	材料到货价格（元）	质量简述	备注
四川省峨眉山市	A	四川峨胜	32.5R	吨	1260	1330	全国五百强，质量优秀	选定供应商
			42.5R	吨	1260	1360	全国五百强，质量优秀	
云南省丽江市	B	华润水泥	32.5R	吨	1300	1340	国家重点企业，质量合格	
			42.5R	吨	1300	1370	国家重点企业，质量合格	

附表 5　包 4 混合砂及卵石供应商信息对比

采购地点	供货商名称	规格型号	单位	运输距离（千米）	材料到货价格（元）	质量简述	备注
昌都地区江达县卡贡乡	A	混合砂	立方米	49	230	含泥量较低，虚方较少	选定供应商
		卵石（20~40 毫米）	立方米	49	230	含泥量较低，虚方较少	
昌都地区江达县	B	混合砂	立方米	52	255	含泥量较高，虚方较多	
		卵石（20~40 毫米）	立方米	52	255	含泥量较高，虚方较多	

附表 6　包 4 碎石供应商信息对比

采购地点	供货商名称	规格型号	单位	运输距离（千米）	材料到货价格（元）	质量简述	备注
昌都地区江达县玉龙	A	20~40 毫米	立方米	49	236	含泥量较低，虚方较少	选定供应商
昌都地区江达县	B	20~40 毫米	立方米	55	260	含泥量较高，虚方较多	

附录 3：包 5 的价格分析

一、工程概况

（一）工程规模

包 5 位于四川甘孜州乡城县境内，线路全长约 2×4 千米 +（31+31.2）千米，其中同塔双回长 4 千米（13 基），单回 133 基，合计 146 基。线路由乡城变出线向北走线，经热公村转向西北跨域硕曲河，翻越巴姆山，向北经马鞍山，在加斯跨越玛依河，向西北走线在尼丁与包 6 接头，具有高原环境恶劣（高寒、缺氧）、后勤保障及物资运输困难，且受地方条件限制材料采购困难，运输距离远的特点。本标段基础浇制方量约 13500 立方米，护壁量约 3300 立方米。

（二）自然环境条件

本标段全线海拔 2650~3900 米，地形划分：峻岭占 22%，高山大岭占 54%，山地占 24%。

（三）本标段交通运输状况

主要车辆运输道路为国道 318 线和省道 217 线及少量乡城道路。材料的小运 95% 均需通过索道的架设运输方能到达塔位。同时受地形的限制，部分塔位还无法依靠国道或县道边架设索道完成，需新修或拓宽道路通过车辆的转运至索道场，大量的索道场地还需进行拓宽工作。

乡城县（S217）—热打乡海拔 2900~3800 米，使用当地县道，秋冬季节部分路段有暗冰，常年个别路段有垮方现象，条件一般。

成都—乡城：从成都出发，经雅安沿 318 国道，经天全→康定→新都桥→雅江→理塘→桑堆→乡城→材料站，全程约 1000 千米，其中新都桥—理塘段因为道路维修，路况很差，对货运车辆实行单进双出交通管制，国道 318 天全至泸定段塌方频发，道路经常中断，另一条绕行路线石棉至泸定也经常因塌方中断，雨季及冬季运输风险很高，运输条件较差。

二、材料价格比选

工程开工准备阶段，通过多次对水泥、砂、石材料供应商进行调查，得到其调查情况如下：

（一）水泥

配合协调办对水泥调查，线路附近有3家水泥厂，详细信息如附表7所示。

附表7　包5水泥供应商信息对比

采购地点	供货商名称	品牌	规格型号	单位	出厂价（元/吨）	运杂费（元/吨）	运输距离（千米）	材料到货价格（元）	质量简述	备注
云南香格里拉	A	华新水泥	P.O 42.5R	吨	460	300	270	760	优良	选定供应商
云南香格里拉	B	华新水泥	P.O 42.5R	吨	470	300	270	770	优良	
云南香格里拉	C	华新水泥	42.5R	吨	470	310	270	780	优良	

为便于管理，确保水泥能够按时、按量到货，决定采取竞争性谈判的方式向商贸公司进行水泥采购，最终经过谈判比选后确定向A公司进行采购。

（二）砂、石

经过协调办调查，线路沿途及附近符合要求的只有两家砂石厂，详细信息如附表8所示。

附表8　包5砂、石供应商信息对比

采购地点	供货商名称	规格型号	单位	出厂价（元/立方米）	运杂费（元/立方米）	运输距离（千米）	材料到货价格（元）	质量简述	备注
乡城	A砂石厂	中砂	立方米	100	80	35	180	优良	
		石（20~50毫米）	立方米	75	70	35	145	优良	
乡城	B砂石厂	中砂	立方米	100	72.3	30	172.3	优良	选定供应商
		石（20~50毫米）	立方米	70	68	30	138	优良	

最终经过价格和质量对比后，在相同质量的情况下，B砂石厂的运输距离相对较短，价格相对便宜，经向川藏联网指挥部汇报同意后，确定B砂石厂为供货商。

附录4：包6的价格分析

一、工程概况

（一）工程规模

包6位于四川省甘孜州乡城县境内，线路起于乡城500千伏变电站门构，止于拟建巴塘500千伏变电站门构，为两个单回设计。直线塔采用导线呈水平排列的M串酒杯塔，耐张转角塔采用干字型。A回线路长度33.429千米，塔基数74基（不含2基换位子塔），直线塔53基，转角塔21基。B回线路长度33.488千米，塔基数71基（不含2基换位子塔），直线塔49基，转角塔22基。基础采用地脚螺栓与铁塔连接，基础方量约10000立方米，护壁方量2200立方米。

（二）自然环境条件

该标全线海拔高度3000~4050米，地形划分：峻岭占18%，高山大岭占54%，山地占28%。

（三）本标段交通运输状况

主要车辆运输道路为国道318线和省道217线及少量乡村道路。材料的小运95%均需通过索道的架设运输方能到达塔位。同时受地形的限制，部分塔位还无法依靠国道或县道边架设索道完成，需新修或拓宽道路，通过车辆的转运至索道场，大量的索道场地还需进行拓宽工作。

1. 乡城县（S217）→热打乡材料站→正斗乡

海拔2900~3800米，使用当地县道。秋冬季部分路段有暗冰，个别路段常年有垮方现象，道路条件一般。

2. 正斗乡→正斗乡材料站

海拔3800~4100米，使用地方乡村道路。道路均为土路，十分崎岖，车辆勉强能通行，遇雨雪天气无法使用。草原道路遇雨天出现大量水坑，需进行维修车辆才能通行，道路条件一般。

3. 成都→乡城

从成都出发，经雅安沿318国道，经天全→康定→新都桥→雅江→理塘→桑堆→乡城→材料站，全程约1000千米。其中，新都桥—理塘段当时正在修路，路况较差，对货运车辆实行单进双出交通管制；国道318天全至泸定段垮方频发，道路经常中断；另一条绕行路线石棉至泸定也常因垮方中断，雨季及冬季运输风险很高。

二、材料价格比选

（一）水泥

根据施工项目部对云南香格里拉几家水泥供应商展开的调研数据，离施工现场最近的 3 家水泥供应商的材料出厂价格及运杂费相差不大，质量均合格，运距也相同。其材料出厂价、运杂费、运输距离、材料到货价格、产品质量等情况如附表 9 所示。

附表 9　包 6 水泥供应商信息对比

采购地点	供货商名称	品牌	规格型号	单位	出厂价（元 / 吨）	运杂费（元 / 吨）	运输距离（千米）	材料到货价格（元）	质量简述	备注
云南香格里拉	A	华新水泥	PO42.5	吨	460	300	270	760	优良	选定供应商
云南香格里拉	B	华新水泥	PO42.5	吨	470	300	270	770	优良	
云南香格里拉	C	华新水泥	42.5R	吨	470	310	270	780	优良	

经过对比，并向川藏联网指挥部汇报同意后，决定采购云南香格里拉华新水泥，同时公司为便于管理，确保水泥能够按时、按量到货，公司研究决定采取竞争性谈判的方式向商贸公司进行水泥采购，最终经过谈判比选后确定向 A 供货商进行采购，水泥价格为 760 元 / 吨。

（二）砂、石

经配合协调办调查，线路沿途及附近符合要求的只有两家砂石厂（见附表 10），且多次与砂厂老板协商，最终确定 A 砂石厂砂石购买价格为中砂 100 元 / 立方米，石头为 75 元 / 立方米；B 砂石厂的砂石购买价格为中砂 100 元 / 立方米，石头为 70 元 / 立方米。

最终经过价格和质量对比后，在相同质量的情况下，B 砂石厂的运输距离相对较短，出厂价和运杂费都相对便宜。经向川藏联网指挥部汇报同意后，确定 B 砂石厂为供货商，中砂价格为：297.2 元 / 立方米，石（20~50 毫米）价格为：162.6 元 / 立方米，砂石均为合同单价的加权平均价格。

附表 10 包 6 中砂、石供应商信息对比

采购地点	供货商名称	规格型号	单位	出厂价（元 / 立方米）	运杂费（元 / 立方米）	运输距离（千米）	材料到货价格（元）	质量简述	备注
乡城	A	中砂	立方米	100	205	130	305	优良	
		石（20~50 毫米）	立方米	75	96.3	130	171.2	优良	
乡城	B	中砂	立方米	100	197.2	125	297.2	优良	选定供应商
		石（20~50 毫米）	立方米	70	92.6	125	162.6	优良	

附录 5：包 10 的价格分析

一、工程概况

（一）工程规模

包 10 工程起于竹巴龙乡，途经帮达乡、宗西乡、洛尼乡，止于海通兵站附近。线路长度为 70.2 千米，其中双回路部分长 1.9 千米，单回路长 68.3 千米，共计新建铁塔 148 基，其中双回路铁塔 7 基，单回路铁塔 141 基。

（二）自然环境条件

本标段海拔在 2600~4100 米，平均海拔为 3700 米。

（三）本标段交通运输状况

本标段交通运输基本依托 318 国道和乡村山地机耕路运输，无省道和县道。本标段线路第一卸点（共 34 基）：先通过 318 国道运输 33 千米，然后通过机耕山路转运 30 千米，采购量占总量的大致比例 22.97%；本标段线路第二卸点（共 12 基）：先通过 318 国道运输 50 千米，然后通过机耕山路转运 23 千米，采购量占总量的大致比例为 8.11%；本标段线路第三卸点（共 12 基）：318 国道运输 55 千米至索道场，采购量占总量的大致比例为 8.11%；本标段线路第四卸点（共 24 基）：先通过 318 国道运输 63 千米，然后通过机耕山路转运 18 千米至索道场，采购量占总量的大致比例为 16.22%；本标段线路第五卸点（共 20 基）：318 国道运输 73 千米至索道场，采购量占总量的

大致比例为 13.51%；本标段线路第六卸点（共 46 基）：先通过 318 国道运输 83 千米，然后通过机耕山路转运 12 千米至索道场，采购量占总量的大致比例为 31.08%。

二、材料供应比选

（一）水泥

经现场调查，建设标段附近规模较大且符合项目质量要求的供货商共计三家，供货商详细对比数据如附表 11 所示。

附表 11　包 10 水泥供应商信息对比

采购地点	供货商名称	品牌	规格型号	单位	出厂价（元 / 吨）	运杂费（元 / 吨）	运输距离（千米）	材料到货价格（元）	质量简述	备注
雅安天全县	A	峨塔牌	P.O42.5	吨	385	700	700	1085	优良	选定供应商
云南香格里拉	B		P.O42.5	吨	420	800	720	1220	优良	
云南大理	C		P.O42.5	吨	420	900	900	1320	优良	

在综合考虑水泥产品质量、运输距离及价格等因素后，决定选择 A 供货商为水泥供应商。

（二）砂、石

工地在芒康竹巴龙乡境内施工桩位，砂、石料需先经 318 国道平均运输 40 千米，运输单价为 1.74 元 / 千米 · 立方米，然后再经机耕山路平均运输 30 千米，运输单价为 7 元 / 千米 · 立方米，经汇总计算砂、石料运输单价为：1.74 元 / 千米 · 立方米 ×40 千米 +7 元 / 千米 · 立方米 ×30 千米 ≈ 280 元 / 立方米。

工地在芒康县帮达乡境内施工桩位，砂、石料需先从巴塘县砂石厂到朱巴龙老砂场公路平均运输 30.5 千米，运输价格为 1.74 元 / 千米 · 立方米，然后从朱巴龙老砂场到达拉久山下公路平均运输 23 千米，运输价格为 1.2 元 / 千米 · 立方米，在达拉久山下中转点需要人工装载砂石，需增加装载费 0.4 元 / 千米 · 立方米，达拉久到各施工桩位料场机耕山路平均运输 10 千米，运输价格为 7 元 / 千米 · 立方米，经汇总计算砂、石料运输单价为：1.74

元/千米·立方米 ×30.5 千米 +（1.2+0.4）元/千米·立方米 ×23 千米 + 7 元/千米·立方米 ×10 千米≈ 160 元/立方米。

工地在芒康县宗西乡境内施工桩位，砂、石料需先经 318 国道平均运输 83 千米，运输单价为 1.74 元/千米·立方米，然后再经机耕山路平均运输 12 千米，运输单价为 7 元/千米·立方米，经汇总计算砂、石料运输单价为：1.74 元/千米·立方米 ×83 千米 +7 元/千米·立方米 ×12 千米≈ 228 元/立方米。

中砂、卵石供应商对比信息如附表 12 所示。

在综合考虑砂、石产品质量，运输距离及价格等因素后，决定选择 A 供货商为中砂及卵石供应商。

附表 12 包 10 中砂、卵石供应商信息对比

采购地点	供货商名称	规格型号	单位	出厂价（元/立方米）	运杂费（元/立方米）	运输距离（千米）	材料到货价格（元）	质量简述	备注
巴塘县	A	中砂	立方米	67	见上述地材采购、运输情况	见上述地材采购、运输情况	竹巴龙乡为347元/立方米、帮达乡为227元/立方米、宗西乡为295元/立方米	优良	选定供应商
		卵石 2～4 厘米	立方米	60			竹巴龙乡为340元/立方米、帮达乡为220元/立方米、宗西乡为288元/立方米	优良	
巴塘县	B	中砂	立方米	67	见上述地材采购、运输情况	见上述地材采购、运输情况	竹巴龙乡为347元/立方米、帮达乡为227元/立方米、宗西乡为295元/立方米	含泥量较高	
		2～4 厘米	立方米	60			竹巴龙乡为340元/立方米、帮达乡为220元/立方米、宗西乡为288元/立方米	含泥量较高	

续表

<table>
<tr><th>采购地点</th><th>供货商名称</th><th>规格型号</th><th>单位</th><th>出厂价（元/立方米）</th><th>运杂费（元/立方米）</th><th>运输距离（千米）</th><th>材料到货价格（元）</th><th>质量简述</th><th>备注</th></tr>
<tr><td rowspan="2">巴塘县</td><td rowspan="2">C</td><td>中砂</td><td>立方米</td><td>67</td><td rowspan="2">见上述地材采购、运输情况</td><td rowspan="2">见上述地材采购、运输情况</td><td>竹巴龙乡为347元/立方米、帮达乡为227元/立方米、宗西乡为295元/立方米</td><td>含泥量较高</td><td></td></tr>
<tr><td>2～4厘米</td><td>立方米</td><td>60</td><td>竹巴龙乡为340元/立方米、帮达乡为220元/立方米、宗西乡为288元/立方米</td><td>颗粒偏小</td><td></td></tr>
</table>

附录6：包11的价格分析

一、工程概况

（一）工程规模

包11位于西藏昌都芒康县境内，线路全长70.4千米，共定塔位136基（其中2基为换位塔，各携带2个辅塔，故铁塔是140基），其中转角塔41基，直线塔95基，海拔在3600~4950米之间。本段线路起于芒康县洛尼乡加色顶，止于措瓦乡脱果洛。

（二）自然环境条件

本标段地区地貌属“藏东、川西高山、高原区”，按地貌成因及特征划分，线路沿线地貌可分为侵蚀、剥蚀、溶蚀高山峡谷地貌，侵蚀、剥蚀、溶蚀中高山地貌，侵蚀、剥蚀低高山地貌及谷地地貌四个地貌单元。工程区地震基本烈度为Ⅶ度。地震动峰值加速度0.1g。地质5~10月为雨季，山体滑坡、洪水、地震、飞石、塌方、泥石流等自然灾害频发。施工期间，西藏芒康地区年平均气温7.6℃，极端最低气温–20.7℃，极端最高气温33.4℃。年平均降水量400~680毫米，昼夜温差大（昼夜极差在25~30℃），属典型的高原寒带大陆性气候，气候寒冷，时常有风，风速一般为3~4级，短时风速能达到6~7级（16米/秒）。由于高海拔极大的温差，本地区在海拔4500米以上的地区进入9月份就有积雪。芒康地区空气稀薄，年平均气压和每立方米空气中含氧量仅有平原地区的1/2~2/3。

（三）本标段交通运输状况

标段塔位运输相对高差一般在300~1100米，所在区域地势相对陡峭，道路交通设施落后（见附图5），线路主要沿318国道（川藏线）和572乡道（察芒公路）走线，道路狭窄、坏损严重、坡陡路弯、路况极差、塌方地段非常多，道路滑坡、泥石流经常发生。由于两条运输公路道路崎岖、地势陡峭、拐弯半径有限、桥梁承载能力限制，大型车辆和运输设备不能通行。572乡道（察芒公路）最大限重10吨（车辆不能超过7米），318国道（川藏线）最大限重30吨（车辆不能超过9米）。

附图5　572乡道交通运输状况

二、材料供应比选

（一）水泥

项目部对水泥供应商分别进行了考察，选定了三家主要供应商进行比选，三家供货商信息如附表 13 所示。

附表 13 包 11 水泥供应商信息对比

采购地点	供货商名称	规格型号	单位	出厂价（元/吨）	运杂费（元/吨）	运输距离（千米）	材料到货价格（元）	质量简述	备注
四川天全	A	PO42.5R	吨	360 元	500 元	860	860	经第三方实验室检验符合设计要求	选定供应商
云南迪庆	B	P042.5R	吨	380 元	480 元	533	860	经第三方实验室检验符合设计要求	
西藏昌都	C	PO42.5R	吨	400 元	402 元	350	802	经第三方实验室检验不符合设计要求	

由附表 13 可知，对三家水泥供货商进行了第三方实验室检验，其中 C 供货商水泥材料不稳定、各项数据均不能满足设计要求。因施工单位多次与供应商 A 进行合作，对该供应商生产的水泥产品质量和售后服务比较满意，加之标段的相邻单位也使用该供应商生产的水泥，考虑到相互调配资源互补的原则，决定选用 A 供应商。

（二）砂

项目部分别对芒康县及周边有砂、石生产能力的 3 家供应商进行了考察。各供货商详细对比数据如附表 14 所示。

附表 14 包 11 中砂供应商信息对比

采购地点	供货商名称	规格型号	出厂价（元/吨）	运杂费（元/吨）	运输距离（千米）	材料到货价格（元）	质量简述	备注
西藏芒康	A	中砂	120	170	30	290	经第三方实验室检验符合设计要求	110 及 140 基杆塔基础
西藏芒康	B	中砂	125	225	45	350	经第三方实验室检验符合设计要求	30 基杆塔基础
西藏巴塘	C	中砂	90	364	135	454	经第三方实验室检验符合设计要求	

项目部分别对三家供货商的砂、石材料送检第三方实验室，各项数据均满足设计要求。在砂、石供应商的选择上，综合考虑到地方协调、原材运输量大、运输道路艰难以及材料到达现场（小运转运点）费用等因素。决定110 基杆塔基础及 140 基杆塔基础使用 A 供货商的砂石料，在措瓦乡的 30 基杆塔基础使用 B 供货商的砂石料。

附录 7：包 12 的价格分析

一、工程概况

包 12 为两条并行的单回路，长度均约为 37 千米，共有铁塔 142 基（其中直线塔 101 基，耐张塔 41 基）。线路走径均隶属于西藏昌都地区芒康县措瓦乡。从芒康县措瓦乡脱果洛开始，沿乡道 572 至脱马，继续向西北方向，经过扯日当、昂觉贡、者根多、日西、措瓦乡北侧，线路折向西走线至中日。

二、材料价格比选

（一）水泥

由于水泥无法在施工所在地买到，经项目部汇报后，指派专业的采购及技术人员，针对线路周边水泥的生产情况进行调查。供应商详细信息如附表 15 所示。

附表 15　包 12 水泥供应商信息对比

采购地点	供货商名称	规格型号	单位	出厂价（元 / 吨）	运杂费（元 / 吨）	运输距离（千米）	材料到货价格（元）	备注
四川天全	A	42.5 级	吨	345	610	700	955	选定供应商
四川泸定	B	42.5 级	吨	380	600	620	980	
云南迪庆	C	42.5 级	吨	460	630	420	1090	

A 公司为国家级大型水泥生产企业，生产能力雄厚，质量稳定，日产量 3000 余吨，且运输能力强。其产品价格及运输价格都优于 B 公司和 C 公司。

并承诺：保证在第一时间保质、保量地将水泥运送到位。

（二）砂、碎石

由于砂、石可在施工所在地购买到，项目部指派技术以及质量负责人员对线路周边地区的材料供应情况以及材料质量进行对比，详细信息如附表 16 所示。

针对砂、石材料，考虑了三种采购模式：第一种是在临近施工所在地的四川省雅安地区购买砂、石材料，运输至施工现场。第二种是在芒康县城通过经销商购买砂、石材料。第三种是考虑当地具体实际情况，与政府协调由政府出面在线路途经地区建立砂、石厂，专供线路施工使用。

根据四川价格信息，若在雅安地区购买，虽然出厂价格低，且材料质量良好，但是运输距离过长，由雅安通过川藏公路运输至芒康材料站约 850 千米，还需由芒康材料站再次运输至线路工程小运起运点，此段距离为 60~80 千米。这种采购方式不仅路途遥远，运输风险较大，同时折合单价后，砂、石运输至小运起运口的价格将高达 1600~1800 元 / 立方米。

在调查过程中发现，由于芒康县当地线路建设以及其他当地建设项目同时开展等原因，砂、石材料需求量大，导致砂、石材料价实际购买时，出厂价格较高。同时，当地砂、石供货商提供的砂、石产地不明，不仅货源不充足，而且质量极差。由于从芒康运输至线路所在地的小运起运点，平均距离达到 70 千米。主要运输道为一条乡道，道路路况差，经常由于水灾或泥石流等自然灾害导致道路冲毁。因此，砂、石等原材料当地虽有出售，但供应量及质量均不能满足工程需要，且运输费用较高。

经过对比最终选择了第三种模式，经过项目部与措瓦乡政府协调沟通，措瓦乡政府在其管辖范围内的区域建立一个砂石材料厂，专供川藏联网工程使用。由于砂石厂仅为线路工程供货，保证了砂石质量，同时，措瓦砂厂的建立大大缩短了本标段砂、石材料的运输距离。

附表 16　包 12 砂、碎石供应商信息对比

采购地点	供货商名称	规格型号	单位	出厂价（元）	运杂费（元）	运输距离（千米）	材料到货价格（元）	质量简述	备注
雅安	砂、石经销商	中砂	立方米	67	1620	850 千米 +60 千米	1687	良好	
		碎石（20~40 毫米）	立方米	70	1688	850 千米 +60 千米	1758	良好	
芒康县	砂、石经销商	中砂	立方米	160	600	60~80 千米	760	较差	
		碎石（20~40 毫米）	立方米	150	600	60 千米	750	较差	
措瓦乡	措瓦砂厂	中砂	立方米	160	190	30~60 千米	350	良好	选定供应商
		碎石（20~40 毫米）	立方米	160	190	30 千米	350	良好